草莓露地栽培

草莓日光温室栽培

草莓无土栽培

U0249214

1

草莓单垄小拱栽培

草莓小拱棚栽培

草莓大棚
促成栽培

草莓架式栽培

赤霉素使用过量
造成草莓花梗过
度伸长

草莓缺钙症状

轮斑病危害叶片状

白粉病危害果实状

黑霉病危害果实状

草莓优质高产新技术

（第四版）

唐梁楠　杨秀瑗　编　著

金盾出版社

内 容 提 要

本书由中国农业科学院果树研究所唐梁楠研究员等编著并修订。该书于1992年11月问世,至2012年共印刷21次,发行33万册,受到广大读者欢迎。此次修订,增加了不少最新优良品种的介绍,在各部分的内容中,致力于推广应用新技术,特别是在土、肥、水管理和病虫草害防治部分,突出了无公害栽培技术。书中内容包括:草莓生产概述,草莓的形态与特性,草莓的主要新优品种、繁殖育苗、露地栽培、保护地栽培、冷藏控制栽培、盆器栽培、病虫草害防治和草莓的采贮与加工技术等方面。全书内容系统,技术先进,文图配合,通俗易懂,实用性强。适合广大农民、草莓专业户、园艺技术员和农林院校有关专业师生阅读参考。

图书在版编目(CIP)数据

草莓优质高产新技术/唐梁楠,杨秀瑗编著. —4版. —北京:
金盾出版社,2013.4(2019.3重印)
ISBN 978-7-5082-8062-2

Ⅰ.①草… Ⅱ.①唐…②杨… Ⅲ.①草莓—果树园艺 Ⅳ.
①S668.4

中国版本图书馆 CIP 数据核字(2012)第 319104 号

金盾出版社出版、总发行

北京太平路 5 号(地铁万寿路站往南)
邮政编码:100036 电话:68214039 83219215
传真:68276683 网址:www.jdcbs.cn
北京天宇星印刷厂印刷、装订
各地新华书店经销

开本:850×1168 1/32 印张:6.25 彩页:4 字数:145 千字
2019 年 3 月第 4 版第 28 次印刷
印数:355 001~359 000 册 定价:19.00 元

第四版前言

《草莓优质高产新技术》一书，自1992年问世以后，受到读者欢迎。1996年，我们对该书进行了初次修订。至2012年已重印21次，发行33万册。近几十年来，草莓业发展很快。草莓栽培应用新科学技术不断深化，成果丰硕，产品多样化，品种更新速度很快。如今我国已经成为世界草莓种植大国。

随着科学技术的进步，社会的发展和人们生活水平的不断提高，对草莓果品质量的要求也越来越高。我国已加入世界贸易组织（WTO），国际经济贸易往来更加频繁。在这种情况下，保护环境，发展绿色食品生产，与国际市场接轨，是必然的趋势。为了适应新形势，帮助草莓种植者提高生产技能，在草莓栽培中获得更大的经济效益，我们对本书进行了第四次修订。

在本次修订中，我们结合农村草莓生产实际，充实和修正了各章节的内容，介绍了先进栽培知识和草莓最新优良品种，推广应用新的生产技术，力求使全书的内容科学实用，技术先进，通俗易懂，图文并茂，便于学习和使用。在修订过程中，我们参阅了大量近期发表的书刊文献，并承蒙有关同志提供材料和提出建议。在此，表示衷心的感谢。

由于编者实践经验和水平的局限性，加之时间仓促，信息有限，因而书中疏漏和不当之处在所难免。敬请读者批评指正和业内同仁指教。

编著者

目　　录

目　录

目　录

一、概　述

（一）草莓的经济价值

草莓是多年生草本植物,具有较高的经济价值。草莓植株矮小,呈平卧丛状生长,高度一般为 30 厘米左右。在世界小浆果生产中,草莓的产量及栽培面积一直居领先地位。

草莓果实色泽鲜艳,柔软多汁,香味浓郁,甜酸适口,营养丰富,深受国内外消费者的喜爱。它属于高档水果。

草莓还有较高的药用和医疗价值。据报道,从草莓植株中提取出的"草莓胺",对治疗白血病和障碍性贫血等血液病,有较好的疗效。草莓味甘酸,性凉,无毒,能润肺、生津、利痰、健脾、解酒、补血和化脂,对胃肠病和心血管病有一定的防治作用。据记载,饮用鲜草莓汁,可治咽喉肿痛和声音嘶哑症。食用草莓鲜果,对治疗积食胀痛、食欲不佳、营养不良或病后体弱消瘦,是极为有益的。在广州一带,有一种野生地锦草莓,当地人将其茎叶捣碎,用来敷治疗疮有特效;敷治蛇咬伤、烫伤和烧伤等,也很奏效。草莓汁还有滋润营养皮肤的功效,用它制成各种高级美容霜,对减缓皮肤出现皱纹有显著效果。

草莓属于蔷薇科草莓属,在世界上约有 50 个种。我国有 7 个种,其中以森林草莓和东方草莓 2 种最多,分布在东北、西北和西南等地区的山坡、草地或森林下。此外,还有黄毛草莓、西南草莓、五叶草莓、纤细草莓和西藏草莓。世界其他各国栽培的草莓,主要是 18 世纪培育出的大果草莓,即凤梨草莓。

草莓是果品中上市最早、周期最短的水果。在北方地区,秋季栽植草莓,翌年5~6月份即可采收投放市场,成为淡季水果供应的珍品。草莓适应性强,繁殖容易,管理简便,产量高,收益既快又好。它不仅可以进行商品性生产,也适合庭院栽培和盆景制作,以美化环境和增加家庭收入。

草莓果实无核,除鲜食外,还适于加工。加工程序简便,操作容易,投资小,适于乡镇企业和家庭经营与加工。加工制品有草莓酱、草莓汁、草莓酒、草莓露、糖水草莓、草莓蜜饯、草莓脯和各种草莓冷饮。但草莓采收期集中,果实不经速冻就不耐贮运,故发展草莓应选择交通方便的城市郊区、工矿企业区和旅游观光景区,并在草莓集中产地建立草莓加工厂。

(二)世界草莓生产概况

世界上大多数国家都有草莓栽培。1976—1987年,世界草莓产量年均增长率为29.6%,居水果产量增长率的第三位。2001年世界草莓总产量为300万吨(不包括我国)。其中欧洲的产量约占世界草莓总产量的一半,北美洲其次,占草莓总产量的1/3,而美国占世界草莓总产量的28%,居首位。年产量超过10万吨的国家,有波兰、西班牙、日本、意大利、俄罗斯、韩国和德国等国家。此外,法国、荷兰、比利时、罗马尼亚、墨西哥、加拿大、英国和土耳其等国,也是草莓种植业比较发达的国家。

(三)我国草莓生产情况

我国草莓栽培始于1915年。20世纪80年代以来,由于农村经济政策的落实,在一业为主、多种经营方针的指导下,草莓生产有了迅速的发展。现在,我国草莓栽培面积已达到7万公顷,年产量约90万吨,均居世界首位。全国有20多个省、自治区和直辖市栽植草莓。其分布北自黑龙江,南至海南岛,东起江苏的连云港,西到新疆,海拔 3 800 米的西藏日喀则地区,都已种植草莓。河北和辽宁 2 省,是全国最大的草莓产区,栽培面积均约为 6 700 公顷。其次是山东省,草莓种植面积约为 5 000 公顷。河北省的保定和辽宁省的丹东,是全国最早发展起来的两大草莓生产基地。丹东的东港市和保定的满城县,草莓生产已成为当地农村经济的支柱产业。

我国的草莓生产,与国外发达国家相比较,有一定的差距。我国草莓生产上存在的主要问题有:一是单位面积平均产量低。我国虽有每 667 米^2 收获 5 000 千克以上草莓的高产纪录,但平均产量较低。以 2001 年为例,我国草莓栽培面积约为 6 万公顷,总产量为 87.8 万吨,而美国的草莓栽培面积为 2 万公顷,产量为 76 万吨,比我国高 1.6 倍。二是草莓果实品质差或质量不稳定的现象,也比较常见。其原因与立地环境条件、栽培管理措施、品种选择情况和设施技术条件等密切相关。尤其是我国的草莓栽培品种,主要引自国外,有的品种栽植年限很长,已经退化。也有的因为就地多年连作,致使病虫害滋生,植株衰弱,品质下降。还有的因品种不纯,劣质苗混迹市场。由于这些原因的存在,因而造成了草莓产品质量低劣以及不稳定的问题。三是草莓采收、贮运保鲜和加工技术落后,也是生产上存在的突出问题。国外大面积露地栽培草莓,利用机械采收,可以大幅度提高工效,节省成本,浆果的损耗率一般只有 5% 左右。但是,我国至今尚未使用机械采收草莓。草莓产业是劳动力密集型产业,出口草莓速冻加工产品获取外汇,我国具有优势。但目前由于采后处理工作落后,外销的商品果和加工产品质量不稳定,售价低,产品不符合输入国家的规定要求,也无自己的知名品牌,这就极大地妨碍了我国草莓业的发展。

(四)我国草莓生产的发展方向

控制污染、保护环境,生产无公害农产品,现已成为国际合作和经济发展的重要准则。我国已加入 WTO,为了与国际市场接轨,开拓国外市场,就必须大力发展绿色食品草莓生产,为消费者提供安全、健康、营养与无公害的优质草莓产品。绿色食品草莓,其产品须经中国绿色食品发展中心认证,并取得绿色食品草莓标志。为了推动这项工作,各级主管部门应建立和健全流通服务体系,并且应有专人抓技术服务和推广工作,提高草莓种植农户的生产技术和管理水平,为他们提供市场信息,组织并开拓国内外市场销售渠道,以增加农户收入,把草莓产业推向高层次、多方面的发展阶段。

二、草莓的形态特征和生长特性

（一）形态特征

草莓植株的形态特征见图1。其各器官的形态及生长规律如下。

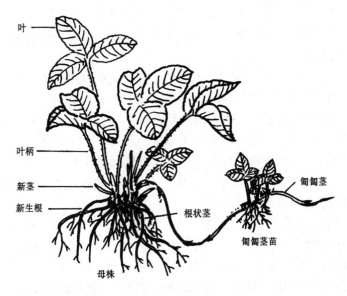

叶

叶柄

新茎

新生根

根状茎

匍匐茎

匍匐茎苗

母株

图1　草莓植株

1. 根

草莓的根系为须根系。根由新茎和根状茎上的不定根组成，主要分布在距地表20厘米深的土层内。新根呈乳白色至浅黄色，老根呈黑褐色。当其生长到一定粗度后,就不再加粗生长,加长生长也逐渐停止。新茎于翌年成为根状茎后,须根就逐渐衰老枯死,而由上部的根状茎再长出新的根系来代替。随着新茎部位的不断升高,发生不定根的部位也相应升高,甚至露出地面,因而会影响新根的产生和正常生长。因此,需要采取培土护根措施,以使植株健壮生长和安全越冬。草莓根的开始生长比地上部早10天左右,而结束生长则要晚一些。在整个生长期,根系都生长,以春季生长最旺盛,其次是晚秋。

2. 茎

草莓的茎有新茎、根状茎和匍匐茎3种。前两种生长在地下,也统称为地下茎。

(1)新茎 新茎是当年生的茎,呈弓背形,其加长生长速度缓慢,年生长量仅0.5～2厘米;加粗生长较旺盛,呈短缩茎状态。新茎下部产生不定根。新茎的顶芽至秋季可形成混合花芽,成为主茎的第一花序。花序均发生在弓背方向,栽植时常根据这一特性确定苗的定植方向。新茎上密生具有长柄的叶片,每片叶的叶腋部位着生腋芽,腋芽具有早熟性。当年形成的腋芽,有的当年就发出新茎分枝或萌发成匍匐茎。

(2)根状茎 新茎在翌年叶片全部枯死脱落后,成为外形似根的根状茎。根状茎是草莓的多年生茎。它是一种具有节和年轮的地下茎,是贮藏营养物质的器官。植株生长的第三年,先从下部老的根状茎开始,逐渐向上枯死。根状茎愈老,地上部生长愈差。草莓新茎上未萌发的腋芽,是根状茎的隐芽,当草莓地上部受损伤时,隐芽能发出新茎,并在新茎基部生出新的不定根,很快恢复生长。根状茎与新茎的结构不同,根状茎木质化程度高,而新茎内皮层中维管束状的结构较发达,生活力也较强。

(3)匍匐茎 匍匐茎由草莓新茎的腋芽萌发形成,它是一种特殊的地上茎。茎细而节间长,萌发初期向上生长,超过叶面高度后便垂向株丛少而日照充足的地方,顺着地面匍匐生长。草莓抽生匍匐茎的多少,因品种、年龄等而有很大的差异。一般地下茎多的品种发生匍匐茎较少。2～3 年生植株抽生匍匐茎的能力最强。匍匐茎是草莓的营养繁殖器官。1 年生植株利用匍匐茎的繁殖系数在 20 以上,每条匍匐茎至少能形成两株匍匐茎苗。在匍匐茎偶数节(第二、第四与第六节)的部位,向上长出正常叶,向下形成不定根,当接触地面时即扎入土中,形成一株匍匐茎苗。在同一母株上,早期抽生的匍匐茎苗,能形成高质量的幼苗。靠母株越近的幼苗,生长发育越好。匍匐茎的第一节和第三节,有的可产生匍匐茎分枝。匍匐茎分枝的偶数节上,同样能抽生匍匐茎,称为第二次匍匐茎,形成草莓幼株(图 2)。

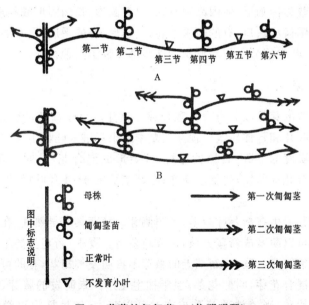

图 2 草莓的匍匐茎 (仿邓明琴)

A. 匍匐茎生长模式 B. 匍匐茎多次生长模式

3. 叶

草莓的叶属于基生复叶,由 3 片小叶组成。叶柄较长,一般为 10~20 厘米。叶柄着生于新茎上,基部与新茎连接的部分,有 2 片托叶鞘包于新茎上。托叶鞘的色泽是品种的特征之一。随着新茎的生长,老叶相继枯萎,陆续出现新叶。不同时期长出的叶片,其寿命长短各有差异。从坐果至采果前的叶片较典型,能反映该品种的特征。新叶展开后,约 30 天达到最大叶面积。叶片平均寿命为 60~80 天。草莓叶片具有常绿性,秋季长出的叶片,在环境适宜和保护条件下,能保持绿色越冬,其寿命可延长至 200~250 天,翌年春季生长一段时间后才枯死,为新叶所代替。越冬叶片保留多,对提高产量有显著促进作用。草莓叶片表面密布细小茸毛。小叶多数为椭圆形,但因品种不同,也有圆形、长椭圆形或菱形等。叶缘有锯齿状缺口,有的边缘上卷,呈匙形;有的平展;也有的为两边上卷、叶尖部分平展等形状。这些都反映了品种特征。

4. 芽

草莓的芽可以分为顶芽和腋芽。顶芽着生于新茎的尖端,向上长出叶片和延伸新茎。顶芽在夏季结果后进入旺盛生长期。秋季随着温度的下降,日照的缩短,开始形成混合花芽,叫顶花芽。翌年混合花芽萌发,先抽生新茎,在新茎长出 3~4 片叶后,即抽出花序。

腋芽着生在新茎叶腋里,也叫侧芽。腋芽具有早熟性,在开花结果期可以萌发成新茎分枝,形成新茎苗。夏季,新茎上的腋芽萌发抽生匍匐茎。秋末,新茎上的腋芽不再萌发匍匐茎,有的可以形成侧生混合花芽,叫侧花芽,翌年抽生花序。未萌发的腋芽,有的成为潜伏芽,当植株顶芽受损伤时可以萌发,使植株得以继续生存。

5. 花

草莓的花序,为聚伞花序或多歧聚伞花序。各品种之间花序分歧变化较大。一个花序上可着生 3～30 朵花,一般为 7～15 朵。通常,第一级花序的一朵中心花最先开放。其次,由这朵中心花的两个苞片间形成的两朵二级序花开放,其余类推。由于花序上花的级次不同,其开花的先后也不同。开花早的结果早,果个大;开花晚的往往不结果,成为无效花。草莓花序的高低,因品种而异。花序低于叶面的品种,由于有叶片遮盖,受晚霜危害较小。

草莓花为白色,少数为黄色,5～8 瓣。大多数品种为两性花,自花能结实。少数品种雄蕊发育不完全,或没有雄蕊,生产上应注意配置授粉品种。草莓在开花期遇连阴雨天气,会使花药开裂受阻,花粉传播不良。滞留在花中间的雨水,也会影响雌蕊柱头授粉,造成不受精或畸形果。因此,在南方要注意排水,降低田间湿度。

6. 果 实

草莓果实柔软多汁,由花托膨大形成。植物学上称其为假果,栽培上称其为浆果。果面多呈深红色或浅红色,果肉多为红色或橙红色。果心充实或稍有空心。果面嵌生着许多像芝麻似的种子,称为瘦果,是真正的果实。瘦果在浆果表面的嵌生深度不同,或与果面平,或凸出果面,或凹入果面。瘦果凸出果面的品种一般较耐贮运。果实大小因品种而异。在同一个花序中,以第一级序果最大,级数越高,果个越小。大果品种的第一级序果,最大果重可超过 60 克。果实大小也受其他多种因素的影响。草莓鲜果中约 90% 是水分,果实膨大期水分不足,会使果实变小。果实膨大期适宜的天气条件,是白天温度为 20℃～25℃,夜间温度为 10℃左右,日照充足。果实的形状是草莓品种的特征之一。具体而言,有圆锥形、楔形、圆形或扁形等(图 3)。

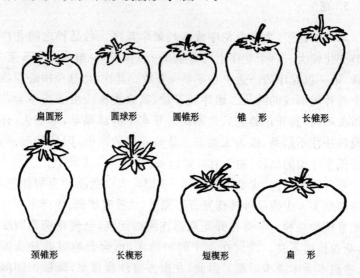

扁圆形	圆球形	圆锥形	锥 形	长锥形

颈锥形	长楔形	短楔形	扁 形

图 3 草莓果实的形状

(二)物 候 期

草莓为常绿植物。它在一年中的生长发育过程,可分为以下几个时期。

1. 萌芽和开始生长期

春季地温稳定在 2℃～5℃时,根系开始生长,根系生长比地上部早 7～10 天。此时的根系生长,主要是上年秋季长出的根继续延伸,随着地温的升高,逐渐发出新根。草莓早春生长,主要依靠根状茎及根中贮藏的营养物质。根系生长 7 天左右,茎顶端开始萌芽,先抽出新茎,随后陆续出现新叶,越冬叶片逐渐枯死。春季开始生长的时期,在苏南地区为 2 月下旬,陕西关中地区为 3 月初,山东省、京、津一带为 3 月上中旬,辽宁兴城为 3 月下旬。

2. 现蕾期

草莓植株地上部生长约 1 个月后出现花蕾。当新茎长出 3 片叶,而第四片叶未完全长出时,花序就在第四片叶的托叶鞘内显露。之后,花序梗伸长,露出整个花序。现蕾后,植株仍以营养生长为主。此期随着气温升高和新叶相继发生,叶片光合作用加强,根系生长达到第一个高峰。

3. 开花和结果期

从花蕾显露到第一朵花开放,需 15 天左右。由开花至果实成熟,又需 1 个月左右。其花期长短,因品种和环境条件而异,一般持续 20 余天。在同一花序上,有时甚至第一朵花所结的果已成熟,而最末的花还正在开放。因此,草莓的开花期与结果期难以截然分开。在开花期,根停止延长生长,并且逐渐变黄,在根茎的基部萌发出不定根。至开花盛期,叶数及叶面积迅速增加,光合作用加强。果实成熟前 10 天,其体积和重量的增加达到高峰。此时,叶片制造的营养物质,几乎全部供给果实。果实成熟期,在黄河故道地区为 5 月上中旬,河北中部为 5 月中下旬,辽宁为 6 月上中旬。

4. 旺盛生长期

草莓浆果采收后,植株进入旺盛生长期。先是腋芽大量发生匍匐茎,新茎分枝加速生长,新茎基部发生不定根,形成新的根系。匍匐茎和新茎的大量产生,形成新的幼株。这一时期是草莓全年营养生长的第二个高峰期,可延续至秋末。其间在酷热的盛夏约 1 个月时间,草莓处于缓慢生长阶段,最热的天气甚至停止生长,处于休眠状态。秋末,随着气温下降,草莓植株生长速度减缓,体内营养物质逐渐积累,组织日趋成熟。

5. 花芽分化期

草莓经过旺盛生长期之后,在外界低温(日平均温度 15℃～20℃)和短日照(日照时数为 10～12 小时)的条件下,开始花芽分化。花芽分化的开始,标志着植株从营养生长转向生殖生长。一般品种多在 8～9 月份或更晚,才开始花芽分化。在夏季高温和长日照条件下,只有四季草莓才能分化花芽,当年秋季能第二次开花结果。秋季分化的花芽,翌年 4～6 月份开花结果。花芽分化一般在 11 月份结束。也有些侧花及侧芽分枝的花芽,当年分化未完成,至翌年春季继续进行。但当年春季分化的花芽质量差、产量低。草莓在秋季花芽形成后,随着气温的下降,叶片制造的营养物质开始转移到茎和根中积累,为翌年春季生长所利用。

6. 休 眠 期

花芽形成后,由于气温逐渐降低,日照缩短,草莓因而进入休眠期。其表现为叶柄短,叶片少,叶面积小,叶片发生的角度由原来的直立、斜生状,发展到与地面平行,呈匍匐生长,全株矮化呈莲座状,生长极其缓慢。休眠的程度,因地区和品种而异。寒冷地区的品种,休眠程度深;温暖地区的品种,休眠程度浅。草莓休眠的外界条件,主要是低温和短日照,其中以短日照的时间长短影响最大。采取人为措施,可以打破休眠,进行草莓促成栽培。

(三)对环境条件的要求

1. 土 壤

适宜的土壤条件,是草莓丰产的基础。草莓根系浅,表层土壤对草莓的生长影响极大。草莓适宜栽植在土壤肥沃、保水保肥能力强、透水通气性良好、质地较疏松的沙壤质中性土壤,以氢离子浓度为 316.3～3 163 纳摩/升(pH 值 6.5～5.5)最适宜。如果土壤有机质含量较高(大于 1.5%),氢离子浓度为 100～10 000 纳摩/升(pH 值 7～5),草莓都可以生长良好。氢离子浓度小于 10 纳摩/升(pH 值大于 8),则植株生长不良。其表现为成活后逐渐干叶死亡。地下水位应在 1 米以下。沼泽地、盐碱地、黏土和沙土都不适于栽植草莓。黏土地上的草莓,其果实味酸,色暗,品质差,成熟期比沙性土壤上草莓果实的成熟期晚 2～3 天。

2. 温　度

草莓对温度的适应性较强。根系在 2℃ 时便开始活动,5℃ 时地上部分开始生长。根系最适生长温度为 15℃～20℃,植株生长的适宜温度为 20℃～25℃。春季生长如遇到 −7℃ 的低温就会受冻害,−10℃ 时大多数植株会冻死。经过秋季低温锻炼的草莓苗,根系能耐 −8℃,芽能耐 −10℃～−15℃ 的低温。但如采取埋土、覆雪等地面保护措施,即使在寒冷的黑龙江省也可栽培草莓。一般在早春,早熟品种不如晚熟品种耐寒;而在初冬,晚熟品种不如早熟品种耐寒。草莓开花期气温低于 0℃ 或高于 40℃,都会影响授粉受精,产生畸形果。开花期和结果期的最低温度,应在 5℃ 以上。气温低于 15℃ 时才进行花芽分化,而降至 5℃ 以下时,花芽分化又会停止。夏季气温超过 30℃ 时,草莓生长受抑制,不长新叶,有的老叶还会出现灼伤或焦边。为减少和防止草莓生长受到不利影响,生产上常采用及时灌水或遮阴等降温措施。

3. 水　分

草莓由于具有根系浅,植株小而叶片大,老叶死亡和新叶生长频繁更替,叶面蒸腾作用强,大量抽生匍匐茎和生长新茎等特性,因而决定了草莓在整个生长季节,对水分有较高的要求。但草莓在不同的生育期,对水分的要求又有差异。秋季定植期,为保证草莓苗成活,要充分供给水分。苗期缺水,会阻碍茎、叶的正常生长。冬季要保持一定的湿度,不使土壤干裂造成断根,越冬前要灌足封冻水。春季草莓开始生长,要适当灌水。从现蕾至开花期水分要充足,以不低于土壤最大持水量的70%为宜。果实膨大期需要较多水分,应保持土壤湿度为最大持水量的80%左右。浆果成熟期要适当控制水分。采收后,应注意灌水,以促进草莓匍匐茎的发生和扎根形成新株。伏天,草莓处于停止生长状态,保持土壤不干旱就行。立秋后,是草莓植株生长的盛期,要保证水分供应。进入花芽分化期,应适当控制水分,保持土壤湿度为最大持水量的60%~65%。但草莓不耐涝,水分过多则通气不好。长时期积水,会严重影响草莓根系和地上部的生长,降低抗寒性,增加病害,甚至使植株窒息死亡。因此,对草莓灌水不宜过多,雨季应注意排水。

4. 光 照

草莓是喜光植物,但又较耐阴。在无遮阴的露地栽培条件下,光照充足,植株生长较低矮,粗壮,果实较小,色泽深红,含糖量较高,香甜味浓。但光照过强,如遇干旱和高温,植株生长不良,叶片变小,根系生长差,严重时会成片死亡。冬季在覆盖下越冬,叶片仍保持绿色,翌年春天能正常进行光合作用。在幼龄果园间作的草莓,既有充足的光照,又有一定的遮阴条件,植株生长旺盛,叶片浓绿,花芽发育良好,能获得丰产。但如种植过密或园地光照不足,会使花序梗和叶柄细长,叶色变淡,花朵小或不能开放,果实小,味酸,着色和成熟慢,果皮色浅,品质差。秋季光照不足时,会影响花芽的形成,植株生长弱,根状茎中贮存的营养物质少,抗寒力降低。草莓在不同生育阶段,对光照的要求不同。在花芽形成期,要求每天 10～12 小时的短日照和较低温度。如果人工给予每天 16 小时的长日照处理,则花芽形成不好,甚至不能开花结果。但花芽分化后给予长日照处理,能促进花芽的发育和开花。在开花结果期和旺盛生长期,草莓需要每天有 12～15 小时的较长日照时间。

三、草莓的主要品种

全世界草莓品种超过 2 000 个,草莓品种更新很快。我国栽培的草莓品种大多是从国外引进的。现将我国草莓生产上的主要栽培品种和具有推广前途或特异性状的优良品种,介绍如下。

(一)明 晶

明晶系沈阳农业大学从美国草莓品种"日出"自然杂交实生苗中选出的中熟品种。1989 年通过鉴定。该品种植株较直立,分枝较少。叶片椭圆形,呈匙状上卷,叶较厚,具光泽,色较深。株高和株展均约 33 厘米。花序低于叶面,两性花。单株平均抽生花序 1.8 个,每个花序平均有 9.7 朵花,每 667 米² 产量一般超过 1 100 千克,最高逾 2 000 千克。果实近圆形,整齐均匀。一级序果平均单果重 27.2 克,最大单果重 43 克。果面红色,光泽度好。果实硬度为 745 克/厘米²,耐贮运。果肉红色、髓心小,风味酸甜爽口。含可溶性固形物 8.3%、维生素 C 59 毫克/100 克。汁液多,色红,品质优良。越冬性、抗病性、抗晚霜和抗旱性均较强。

该品种适应性较广,在东北和华北露地栽植都获得良好的效果。由于植株叶片较稀,新茎分枝较少,二级和三级花序果个小,因此,其栽植密度每 667 米² 不应少于 10 000 株。最好每穴栽双株,以保证丰产。

(二)宝交早生

宝交早生系日本早期品种。它植株直立,生长势强,分枝能力和抽生匍匐茎能力均强。叶片椭圆形,托叶淡绿稍带粉红色。果实圆锥形,果顶截形,多数有颈。果面鲜红色,有光泽。果肉细,汁多,橙红色,髓心较实。香甜味浓,鲜食有麝香味,品质优良。种子绿色或黄绿色,大多数凹入果面。含可溶性固形物 8.5%～10%、维生素 C 83.1 毫克/100 克。果个中等大,一级花序果单果重为 15 克左右,最大单果重 33 克。果实较软,不耐贮运。因果汁色浅,不适于加工,可进行速冻。

该品种休眠期中等,解除自然休眠需 5℃ 以下低温 450 小时。适应性广,是国内栽培最普遍的品种。在海拔 3 800 米的西藏日喀则地区,露地栽培表现良好,对白粉病和轮斑病有抗性,对其他病害抗性弱。苗期易受炭疽病危害。宝交早生为中间型品种,适于各种作型。把它作保护地小棚栽培,每 667 米² 产量可达 1 000～1 500 千克。也适于冷藏抑制栽培。栽培时应及时防治病虫害,并配置授粉品种。

(三)星都 2 号

星都 2 号系北京市农林科学院果树研究所,1990 年以全明星×丰香杂交育成,是星都 1 号的姊妹系。其植株生长势强,植株较直立。叶片椭圆形,色绿,叶面平,叶尖向下,锯齿粗,叶面质地较粗糙,有光泽。花序梗低于叶面,花为两性花。单株有花序 5～7 个,着生 40～52 朵花。果实圆锥形,色红,具光泽。种子黄、绿、红色兼有,分布密,平于或微凸于果面。花萼单层、双层兼有,全缘平贴或主贴副离。其成熟期,在北京地区露地栽培约为 5 月 7 日,比星都 1 号早 5 天,为早熟品种。果个大,一级花序果平均单果重 27 克,最大单果重 59 克。外观艳丽,口感酸甜适度,香味较浓,品质优良。含可溶性固形物 8.72%、维生素 C 53.43 毫克/100 克、总糖 5.44%、酸 1.57%,糖酸比为 3.46∶1。果实硬度较大,为

0.389 千克/厘米^2。丰产,每 667 米^2 产量为 1 500～1 800 千克。

该品种适于露地及保护地小拱棚栽培。果实耐贮运。鲜食、速冻、加工制汁和制酱均适宜。

(四)全 明 星

全明星系美国农业部马里兰州农业试验站 1981 年育成的草莓品种。该品种植株生长势强,植株直立,株冠大,匍匐茎繁殖能力强。叶片椭圆形,深绿色,有光泽,叶脉明显。每株有花序 2～3 个,花序梗直立,低于叶面。种子少,黄绿色,凸出果面。果实圆锥形,橙红色,有光泽。果个大,一级花序果平均单果重 21 克,最大单果重 40 克。不同花序级间的果实,大小差别较小。果形整齐,外观鲜艳。果肉淡红色,酸甜适口,汁多,有香味。果肉硬度大,为 0.31 千克/厘米^2。耐贮性强,在常温下可贮藏 2～3 天。

该品种含可溶性固形物 8.7%、维生素 C 52 毫克/100 克,适合鲜食,也可用于加工制酱。果实冷冻后,仍能保持良好的颜色和品质。休眠深,打破休眠需 5℃以下低温 500～700 小时。抗病性强,抗叶斑病和黄萎病。产量较高,小拱棚栽培时,每 667 米^2 可产鲜果 1 500 千克左右。综合性状优良,在国内栽植面积较广。该品种既适合露地栽培,也可进行保护地栽培。

(五)吐 德 拉

吐德拉(Tudla)由西班牙 Planasa 种苗公司育成,其亲本是派克×长乐。我国于 1997 年将它引进栽培。该品种植株生长健壮,株型大。叶片多,黄绿色。吸收根发达,易抽生匍匐茎,繁殖容易。果实以长圆锥形为多,也有宽楔形的,果形整齐。果面鲜红,有光泽,外观艳丽。风味甜酸适口。种子亮黄色,分布均匀,凹入果面。

果型大,大果率高,一级花序果平均单果重 29.8 克,最大单果重 62 克。含可溶性固形物 7%～9%。肉质硬,果皮韧性强,极耐贮运。品质好。

该品种休眠期短,打破休眠只需 5℃ 以下低温 40 小时。产量高,单株产量达 300～600 克,每 667 米² 产量超过 2 500 千克。其抗病性和抗逆性较强,但应注意防治白粉病。吐德拉在保定地区露地栽培时,比全明星早熟 1 周左右。将它作保护地栽培,可早熟 2～3 周。作促成栽培比弗杰尼亚品种早熟 10～15 天。它适合在北方地区作促成、半促成或露地栽培,也可在南方栽培。

(六)春 香

春香系日本农林水产省园艺试验场久留米分场,以久留米 103 号×达娜杂交育成的草莓品种。1967 年命名发表。我国曾多次引进该品种。该品种植株生长势强,株型大,直立,株高 33 厘米。叶片椭圆形,大而平展,颜色较淡,叶数多,叶缘锯齿深,叶面光滑,茸毛少,托叶绿色。匍匐茎抽生能力强,每株平均抽生 4.6 个。花序高于叶面,单株有花序 2～4 个,花柄短粗。果实圆锥形或楔形,果面红色。果基有时有颈。果肉细,髓心少,汁红色,味香甜,畸形果少。一级花序果平均单果重 13 克,最大单果重 28.5 克。种子黄绿色,凹入果面。萼片反卷。果实含可溶性固形物 10%、维生素 C 100.49 毫克/100 克。

该品种休眠浅,打破休眠只需 5℃ 以下低温 20～50 小时。果实产量高,每 667 米² 产量一般为 1 500～2 000 千克。品质优,为早熟品种。耐高温,也耐寒,较抗旱。对灰霉病、轮斑病和根腐病均不敏感,但不抗白粉病和凋萎病。它是优良鲜食品种,在我国栽培较广。该品种适于促成栽培,也可露地栽培。

（七）春 星

春星系河北省农林科学院石家庄果树研究所用优系（春香×海关早红）为母本，全明星为父本，杂交育成的草莓品种。于2001年通过省级审定并命名为石莓3号。

该品种植株生长势强，较直立，株高23厘米。叶片较厚，近圆形，深绿色，叶缘锯齿深，叶面光滑，叶柄长16.5厘米。匍匐茎生长势强，每株能抽生匍匐茎6～10条。花冠大，为两性花。每株有花序2～4个，每花序有花9朵，花序低于叶面。果实圆锥形或楔形，色鲜红，有光泽。果实大，较整齐，一级和二级花序果平均单果重30.3克，最大单果重78.7克。种子黄色，稍陷入果面。果肉橘红色，肉细，多汁，香味浓，品质上等。含可溶性固形物11%、维生素C 127.3毫克/100克。果实硬度为0.48千克/厘米^2。产量高，单株平均坐果25个，平均株产鲜果467.7克，每667米^{2}产量为2 500千克左右。

该品种喜肥，对灰霉病、炭疽病抗性较强，但易发生叶斑病。果实成熟期比全明星早，适于露地和保护地栽培。

（八）达赛莱克特

达赛莱克特系法国1995年育成的草莓品种。我国于1997年将它引进。该品种植株高大直立，生长势强，株高32.6厘米，分枝能力中等。单株可繁殖匍匐茎苗40～60株。叶片多而厚，深绿色，叶面茸毛多。果实长圆锥形，果形整齐。果面深红色，具光泽，外观美。种子黄绿色，凸出果面。果肉红色，髓心大，稍空，质地坚硬，极耐贮运。果实品质优良，甜酸适度，口味好，有特殊香味。含维生素C 54.93毫克/100克、可溶性固形物10%～12%。单株平均有花序 2.3 个,结果 14.7 个。果个大,一级花序果单果重 25～35 克,最大单果重 65 克。丰产性好,露地栽培每 667 米² 产量为 2 000 千克左右,保护地栽培每 667 米² 产量可达 3 000 千克。比全明星产量高 30% 左右,开花期早 6 天。

该品种休眠期中等,需低温量为 500～600 小时。抗病性强,抗灰霉病和叶斑病。畸形果少,花粉量多,抗逆性强,其综合性状优于全明星。为鲜食品种。适于露地和保护地栽培。

(九)盛 冈 16

盛冈 16 系日本品种,于 1968 年育成。该品种植株生长势强,直立,株型紧凑,株高 26 厘米左右。匍匐茎发生量中等,每株平均抽生 4.2 个。叶片大,圆形,浓绿色,叶缘锯齿 17～19 个,叶面有光泽。花序斜生,低于叶面,叶柄和花梗粗壮,果实不易接触地面。果实短圆锥形,色鲜红,有光泽,外观诱人。果肉白色,肉质细,味甜酸,汁多,具香味。髓心稍空。种子较密,为黄色,陷入果面。果实硬度比宝交早生大,较耐贮运。含可溶性固形物 11%～12.8%、维生素 C 70.37 毫克/100 克,品质好。

该品种休眠期长,打破休眠需 5℃ 以下低温 1 300～1 400 小时。一级花序果平均单果重 17 克,最大单果重 45 克。为中晚熟抗寒品种,花期较晚,可躲过晚霜危害。产量较高,也较抗病。其果实鲜食和加工均适宜。盛冈 16 综合性状较好,既适于北方较寒地区作露地栽培,也宜作半促成和冷藏抑制栽培。

(十)硕 露

硕露系江苏省农业科学院从美国引进的杂交种子后代中选育而成的草莓品种。1990 年通过鉴定。该品种植株生长势强,直立,株高 28 厘米,株展为 43 厘米×38 厘米。叶片厚,长圆形,深绿色,叶面平滑有光泽,叶柄长 25 厘米。花序梗直立生长,低于叶面。每株有花序 2 个,每个花序平均有花 10.5 朵。平均单果重 17 克,最大单果重 30 克。果实近纺锤形,先端尖,肩部狭,有明显的无种子带。果面鲜红色,富有光泽。种子黄绿色,平嵌果面。果肉橙红色,肉质细,髓心小,风味甜酸适口。含可溶性固形物 10.6%、维生素 C 59 毫克/100 克。果实耐贮性好,在常温下存放 2 天不变质。宜鲜食,也宜加工。

该品种丰产性好,每 667 米² 最高产量为 1 835.8 千克。耐热性强,在南京地区持续 20 余天气温高达 35℃～39℃的条件下,仍能正常生长,好叶率达 90%以上。硕露为早熟露地栽培品种,适于在长江中下游地区栽植。

(十一)童子 1 号

童子 1 号系荷兰品种。我国于 1998 年将它引进。该品种植株生长势强,株型直立或半开张,匍匐茎抽生能力强。叶大,近圆形,绿色,具光泽,叶开展度为 18.2 厘米×20.1 厘米。果实长圆形或楔形,果面平整,有蜡质光泽,外观艳丽。果肉红色,细密坚实,香气浓,味甜微酸。果实硬度大,可切片食用。极耐贮运。畸形果少,商品果率高达 90%以上。果个大,一级花序果平均单果重 50 克,最大单果重 112 克,含可溶性固形物 11.6%。

该品种休眠浅,打破休眠的低温量仅为 60～90 小时。花芽易分化,花序发生量多。适应性、抗逆性和抗病性都强,能抗冬季低温,对白粉病和灰霉病也都有较强的抗性。产量高,连续结果时间可长达 6 个月。保护地栽培者,每 667 米² 产量为 3 500～4 000 千克,而且采收间隔期短。适于在北方地区作保护地栽培,在南方地区作小拱棚及露地栽培。该品种鲜食和加工均适宜。对赤霉素敏感,需慎用。

(十二)丰 香

丰香系日本品种。我国 1985 年将它引进,在国内种植很广。该品种植株生长势强,较开张,株高约 25 厘米。叶片近圆形,较厚,深绿色,叶边缘向上,略呈匙形。腋芽发生少,根系粗壮。花序较直立,低于叶面。繁殖力中等。其花序及花果数比春香品种多,收获期比春香稍晚。果实短圆锥形,果面光滑,色鲜红,富光泽,外观美。平均单果重 15 克,最大单果重 35 克。果肉致密,多汁,多数无髓孔。香味浓,甜酸适口,品质极好。含可溶性固形物 11% 左右、维生素 C 68.7 毫克/100 克。

该品种休眠浅,历经 5℃ 以下低温 50~100 小时,即可通过休眠。果实硬度中等,果皮韧性强,较耐贮运。丰产性好,每 667 米² 产量在 2000 千克左右。抗黄萎病,不抗白粉病。为早中熟品种,鲜食与加工均适宜。丰香品种在国内促成或半促成栽培中,应用很普遍。由于畸形果较多,故栽培时应采取综合防治措施。

(十三)章 姬

章姬系日本民间育种家篏原章弘育成的草莓品种,亲本为久能旱生×女峰。我国于 1998 年将它引进。该品种植株生长势强,直立开张。叶片大,长椭圆形,叶较薄,心叶窄小或有扭曲。花序低于叶面,柄粗蕾大。匍匐茎抽生能力强,繁殖系数高。子苗生根后易形成花芽。果实长圆锥形,鲜红美观。果心白色,肉质细腻,味甜。果个大,平均单果重 38 克,一级花序果平均单果重 45 克,最大单果重 115 克。畸形果少,但高级次的花序果明显要小。产量高,每 667 米² 产量可达 2500 千克。果实含可溶性固形物

9.1%,含酸量低,为 0.52%。果实较软,不耐贮运。

　　该品种休眠期短,5℃以下低温历经 40~50 小时,即可通过休眠。它对炭疽病有中等抗性,对白粉病抗性弱。章姬为优良早熟品种,适于保护地促成栽培。栽培时顶花序留果数要多,一般为 12~15 个,以提高其大果率。果实七成熟时即应采收。宜始花期进行辅助授粉。

(十四)森嘎拉

　　森嘎拉(senga sengana)系波兰品种,于 1986 年引进我国。波兰是世界上最大的加工速冻草莓出口国。该品种的种植面积占波兰的 80%左右。它具有果实整齐美观,汁多,颜色深红,甜酸适口,质地细,有香味,除萼容易等适于加工要求的诸多性状。植株生长势强,较直立。叶片大,近圆形,叶深蓝绿色,叶柄粗,易与其他品种相区分。匍匐茎繁殖能力较弱,结果后每株只能繁殖 5~10 株子苗。果实短楔形,果面平整,有光泽。种子黄绿色,平于果面。含可溶性固形物 7.7%、维生素 C 64.8 毫克/100 克。每株可抽生花序 3~7 个,花序低于叶面。一级花序果常具棱沟。平均单果重 25 克,最大单果重 40 克。

　　该品种果实较硬,抗病力较强,尤其是抗叶部病害能力强。丰产,露地栽培时每 667 米^2 产量为 1 500~2 500 千克,高于美国加工品种哈尼的产量。为中晚熟品种,是鲜食、加工兼用型优良品种。适于露地栽培。

(十五)明　旭

　　明旭系沈阳农业大学以明晶×爱美杂交育成的草莓品种。1995 年通过审定并被命名。该品种植株生长势强,直立。叶片大而厚,卵圆形,叶数少。花序梗粗、直立,与叶面等高,单株平均有花序 1.5 个。匍匐茎繁殖能力强。果实近圆形,红色,着色均匀,种子平嵌果面。萼片平贴,易脱萼。果肉粉红色,香味浓,甜酸适口。含可溶性固形物 9.1%、维生素 C 64.3 毫克/100 克,品质好。果形整齐,大小均匀。果实较耐贮运。一、二级花序果平均单果重 16.4 克,最大单果重 38 克。进行露地栽培时,其产量高于宝交早生品种,成熟期比宝交早生早 6 天。

明旭抗病性强。其果实基本上是悬空生长,不与地面接触,不受污染。未发现该品种植株有白粉病、灰霉病和革腐病等病害。植株抗寒性好,未见有冻害发生。该品种适于辽宁及北方地区露地栽培,栽植密度以每 667 米^2 1.2 万～1.4 万株为宜。在育苗期,应注意控制营养生长。

(十六)红　露

红露系山西省农业科学院从美国引进的杂交种子实生苗中选育而成的草莓品种。1992 年通过鉴定。该品种植株生长势中强,直立,株高 28 厘米。叶片长椭圆形,深绿色,呈匙状,具光泽。花序低于叶面,花序梗长 15 厘米,粗 0.3 厘米。单株平均有 1.6 个花序,每个花序有 8.1 朵花。果实圆锥形,深红色,稍有颈,果面平整有光泽。种子红、黄色兼有,均匀平嵌于果面。果实较硬。果肉红色,髓心中等大,稍空,肉质细,甜酸适口,略有香味,汁液特多,色鲜红。含可溶性固形物 10.5%～12.5%、有机酸 0.82%。平均每 667 米^2 产量为 1 036.8 千克。

该品种耐旱性强。在山西省春季干旱时,叶片很少出现萎蔫现象,其果实除鲜食外,还适宜加工。红露是制作草莓汁的优良草莓品种,用它的果实所制成的草莓汁呈宝石红色、透亮。在山西,该品种于 4 月中旬初花,果实于 5 月 18～24 日成熟。红露适于在北方地区露地栽培。

（十七）美德莱特

美德莱特系山东农业大学 1997 年从加拿大引进的大果型日照中性草莓品种。该品种植株中大，直立，株高约 18 厘米。叶片大，椭圆形，叶色深，叶背多茸毛，叶缘稍向下卷。叶柄直立粗壮，平均长 9.05 厘米。在春、夏、秋 3 季，可连续抽生新茎。每个新茎分生 1～3 个花序。每株可抽生 5～7 条匍匐茎，每条又可分生 4～6 株。果实长圆锥形，果尖扁，平均单果重 28.6 克，最大单果重 87 克。种子黄色，分布稍凹陷于果面。果实表面平滑，鲜红色，髓心稍有中空，汁液多，味浓香。果实含可溶性固形物 12.8%。

该品种抗病性强，未发现有白粉病、黄萎病和叶枯病危害其植株。适应性广，抗逆性强，在南北方地区均可栽培，温室与露地栽培均宜。产量高，在山东省泰安地区，其单株（丛）年产量可达 800克，最高年产量达 1 180 克。该品种无明显的休眠期。其苗株春季定植结果后，于 10 月下旬保温，进行保护地栽培，可实现四季结果。

（十八）红冈特兰德

红冈特兰德系英国品种。1979 年由中国农业科学院品种资源所引进。该品种植株生长势中等，株高约 19.2 厘米。叶片长椭圆形，较厚，叶面光滑，质地软，茸毛少。叶片长 9.1 厘米，宽 7.7厘米，叶缘有浅锯齿 18～21 个，叶柄多茸毛。每株平均有花序2.8 个，花序平于叶面，每个花序平均坐果 5.6 个。果实短圆锥形，色鲜红，具光泽，髓心小，稍空，肉质细软，味酸甜，略具香味，硬度中等。一级花序果平均单果重 11 克。每株平均抽生匍匐茎

4.6 个,可出苗 6.6 株。

该品种为欧洲主栽品种之一。其果实含可溶性固形物 10.3%,维生素 C 96.65 毫克/100 克。适应性较强,对凋萎病、根腐病和叶斑病都有抗性。较丰产,属小株型品种。单株开花结果多,但畸形果也多。适于露地栽培,果实宜鲜食。栽培时,应密植并进行授粉和控制农药使用。

(十九)石桌一号

石桌一号系 1996 年重庆市农科所与石板乡农民一起育成的草莓品种。该品种植株生长势强,直立,匍匐茎抽生能力强。叶片椭圆形,浓绿色,叶大,有光泽。花序梗低于叶面,单株着生花序 3 个,每个花序平均有花 14 朵。果实短圆锥形,果面深红,富有光泽。果肉淡红色,果心稍空,质地细软,汁液多,味甜酸适口,品质佳。果个大,平均单果重 20.6 克,最大单果重 120 克,最小单果重 10 克,一级花序果平均单果重超过 50 克。

该品种抗逆性强。在重庆地区的夏秋季高温条件下,能安全越夏。抗病性也较强,对病毒病达到抗性级水平,也抗黄萎病。其果实维生素 C 含量为 62 毫克/100 克,糖酸比适宜,为 8.34：1。在当地试验,平均产量为 1 526.3 千克/667 米^2,居供试品种(星都 2 号、硕丰、宝交早生)之首。果实耐贮性稍差,成熟期比宝交早生品种晚 7 天左右。石桌一号为露地品种,每 667 米^2 一般栽植 6 000 株。在整个生长期,都应注意及时摘除匍匐茎和老叶。

(二十)明　宝

明宝系日本兵库农业试验场以春香×宝交早生杂交育成的草莓品种。1997 年定名。该品种植株生长势中等,植株较直立。叶片数少,色较淡,椭圆形。匍匐茎抽生数稍少于宝交早生,但节间长。根系发达,粗根较多。单株着生花序 3 个,每个花序有花 9～14 朵。结果率高,几乎所有花朵都能结果,畸形果少。果实短圆锥形,果面平整,色鲜红,肉质白色,质地松软,果心实,汁液多,味甜微酸。含可溶性固形物 9.4%～12.4%、维生素 C 81 毫克/100克。果实硬度小,为 0.22 千克/厘米^2。果皮韧性差,不耐贮运。

该品种休眠浅,打破休眠要求的 5℃ 以下低温时间为 70 小时。抗病性和早熟性均优于宝交早生,抗白粉病和灰霉病,但对黄萎病抗性较弱。产量与宝交早生相当,比较稳定。果实采收期分布较均衡。该品种的果实具独特的芳香味,品质好,是优良的鲜食早熟品种。适于保护地促成栽培。

(二十一)美 香 莎

美香莎系 1998 年我国引进的荷兰品种。它是欧、美国家及日本市场公认的鲜食优质品种。该品种植株生长势强,匍匐茎抽生较多,叶大而厚,深绿色。果实长圆锥形,其纵横径平均为 6.9 厘米×3.7 厘米。果面深红,有光泽。果肉红色,味浓,香甜微酸,品质佳。种子红色或橙黄色,凹入果面。髓心空,萼片反卷。含可溶性固形物 10.9%～14%。果肉硬度大,高于丰香和全明星等品种的果实,耐贮运。

该品种果个大,一级花序果平均单果重 47.5 克,最大单果重102 克。极丰产,一般每 667 米^2 产量 3 000 千克左右。为极早熟品种,比丰香早熟 5～10 天。对气候、土壤条件适应性广。对多种病害有很强的抗性,尤其对白粉病有高度的抗性。休眠浅,打破休眠所要求的 5℃ 以下低温时间为 30～50 小时,适于促成栽培。对赤霉素较敏感。其果实只有在完全成熟时,即果颈为深红色时口感才最佳,否则酸味较浓,故应掌握好采果适期。

(二十二)红 太 后

红太后系意大利品种。1999 年由陕西省果树研究所引进我国。该品种植株较矮,株高约 20 厘米。株形较开张,生长势中等。叶片大,短圆形,浓绿色,无托叶。花序梗低于叶面,较易抽生匍匐茎。单株有花序 5 个左右,花序为二歧分枝,每个花序有花 8～12 朵。繁殖系数中等,一般为 60～80 株/年。果实圆锥形,鲜红色,富有光泽,外观美。果肉红色,含总糖 4.68%、总酸 0.66%,糖酸比为 7.09(全明星为 4.91),口感甜,香味浓,品质优良。果实硬度为 0.419 千克/厘米^2。维生素 C 含量为 44 毫克/100 克。果个大,平均单果重 26.5 克,一级花序果单果重 30～50 克,最大单果重达 104.4 克。

该品种适应性较强,丰产,单株平均产量为 528 克。极抗红中柱病及叶斑病。为优良的早熟品种,适于露地栽培。在陕西杨凌露地栽培,4 月下旬开始采果,较全明星早 15 天,采果期为 26 天左右。

(二十三)明 磊

明磊系沈阳农业大学从美国品种"节日"实生苗中选育而成的草莓品种。1989 年审定命名。该品种植株生长势强,较直立,株冠大。叶椭圆形,呈匙状,叶色淡,平滑有光泽。花序梗粗壮,低于叶面。每个花序坐果 14 个左右,单株平均抽生花序 1.5 个。一级花序果平均单果重 21 克,二级花序果平均单果重 18.7 克,最大单果重 37 克。果实圆锥形,果尖钝,稍扁。果面橙红色,有光泽,稍有浅棱。种子黄绿色,平嵌于果面。果实硬度大,为 0.995 千克/厘米^2,耐贮运。肉质细,有香味,汁多,色红。含可溶性固形物

8.4％、维生素 C 88 毫克/100 克、总糖 5.89％、总酸 1.09％。

该品种抗寒、抗旱能力强。果实成熟期集中,采收省工。为早熟品种,丰产性好,在沈阳地区露地栽培,每 667 米^2 产量平均为1 254.2 千克。果实初熟期为 5 月末至 6 月初。由于开花早,春季要防止晚霜危害。可采用保护地栽培,以提高产量和防止花期受冻害。

(二十四)硕 丰

硕丰系江苏省农业科学院园艺研究所选育的耐热草莓品种。1989 年通过省级鉴定。该品种植株生长势强,株矮而粗壮,直立。叶片厚,圆形或扇形,平展,叶面光滑。花序高于叶面或与叶面相平。每株平均有花序 3 个,每个花序着生花 8.6 朵。果实大,为短圆锥形,橙红色,肉质细,髓心小,单果重 15～20 克,最大单果重50 克。硬度大。种子黄绿色,平嵌于果面。果肉红色,甜酸适度,含可溶性固形物 10％～11％、维生素 C 51.8 毫克/100 克,糖酸比值较低。耐贮性好,在常温下存放 3～4 天不变质。

该品种耐热性强。在南京地区夏季气温高达 35℃～39℃持续 20 余天的情况下,它仍能健壮生长,病叶率低于 5％。丰产性好,每 667 米^2 产量达 1 849.2 千克。对灰霉病和炭疽病有较强的抗性,也较耐旱。果实适于速冻加工。硕丰休眠期较深,打破休眠需 5℃以下低温 650 小时。为晚熟品种。适于在长江中下游地区露地和小拱棚栽培。

(二十五)幸 香

幸香系日本 1996 年登记的草莓品种。该品种植株生长势强,植株半直立,株高和叶柄长度与丰香接近。叶片较小,浓绿色,叶厚,呈长圆形。果实长圆锥形,果形整齐,色深红,有光泽,外观艳丽。部分果实的果面具棱沟。果肉细腻,浅红色,香甜味较浓。其果实含糖量比丰香品种高 10％以上,维生素 C 含量为 89.5 毫克/100 克。果实硬度大,为目前最耐贮运的日本品种。可在完熟期采收。一级花序果平均单果重 30 克,最大单果重可达 50 克。

该品种休眠较浅,打破休眠只需 5℃以下低温 150～200 小时。产量高。据试验,温室栽培时,每 667 米^2 产量可达 2 500 千克,比丰香品种增产约 10％。栽培容易,繁殖系数高,单株花序数多,连续结果能力强。抗病性强,不易感染白粉病。易于保持果形,果实品质好。幸香在日本被认为具有发展前景的品种。适于保护地促成栽培。

(二十六)弗吉尼亚

弗吉尼亚又名杜克拉,为西班牙中早熟品种。我国于 1993 年将它引进。该品种植株健壮,生长势强,株高 22 厘米。叶片椭圆形,黄绿色,叶面多茸毛。匍匐茎抽生能力强,每株可繁殖 30～60株。花序平于叶面。一级花序果多为宽楔形,二级花序果多为长圆锥形。每株有花序 3～5 个。果色鲜红,果面具棱沟,有光泽,外观美。果肉细腻,髓心中空,味酸甜,稍有香味。花萼翻卷,种子亮黄色,微凹入果面。果个大,一级花序果平均单果重 42 克,最大单果重可超过 100 克。

该品种果实硬度高,耐贮运。自花结实能力强,易形成腋花芽,可连续抽生花序 5～6 次,极丰产。在丹东地区栽培,每 667米^2 产量在 3 000 千克左右,高产者达 5 000 千克。果实含可溶性固形物 12％,维生素 C 88 毫克/100 克。休眠浅,适应性广,抗病性强,极抗白粉病。栽培管理容易,鲜食或加工均适宜。既可露地栽培,更适于日光温室促成栽培。

(二十七)鬼 怒 甘

鬼怒甘系日本枥木县的渡边宗平从女峰中选出的无性系变异,1992 年登记命名。该品种植株直立,生长健壮,几乎无生长衰退期。叶片长而大,椭圆形,浓绿色。根系发达,抽生匍匐茎数量多。花序梗极长,花序低于叶面。果实圆锥形,色鲜艳,具光泽,外观美。果肉红色,肉质细,种子凹陷于果面,口感香甜。含可溶性固形物 12%～14%,品质好。果个大,一级花序果平均单果重 41 克,最大单果重 86 克,大果和中果率可达 60%～80%。极丰产,一般每 667 米^2 产量超过 3 000 千克。

该品种休眠浅,打破休眠只需 5℃ 以下的低温 50～70 小时。适应性广,既耐高温,又抗寒。耐贮性较强。抗病性好,较抗白粉病和灰霉病。花序多,而且可连续抽生花序,结果期长达 6 个多月。为早熟品种,适合促成栽培。栽培时应增施优质农家肥,以满足其需肥量高的要求。其栽植密度每 667 米^2 不宜超过 9 000 株。

(二十八)新 明 星

新明星系河北省农林科学院石家庄果树研究所从美国品种全明星中选育出的草莓品种。1990 年通过鉴定。该品种的经济性状和丰产性都优于全明星品种。植株生长势强,株高约 19 厘米,株冠为 37.2 厘米×38.4 厘米。叶片椭圆形,浓绿色,较厚,叶面多茸毛,叶缘锯齿浅,叶柄绿色,托叶大。匍匐茎生长势强,每株可抽生匍匐茎 15 个。花为两性花,花序二歧分枝,低于叶面。每株有花序 4～8 个。果实平均单果重 24 克,最大单果重 56 克。果实圆锥形或楔形,大小均匀。果面颜色鲜红,有光泽,外形美观。种子黄色,稍陷入果面。果实硬度大,为 0.85 千克/厘米^2。果肉橘

黄色,髓心空,果汁多,酸甜芳香。含可溶性固形物 9.8%、维生素
C 73.13 毫克/100 克。

该品种丰产性好,单株平均坐果 73.4 个,株产量近 800 克,比
全明星品种增产约 30%。耐贮性好,常温下可存放 3～4 天。抗逆
性强,耐高温。品质好,鲜食、加工均宜。适于保护地和露地栽培。

(二十九)大 将 军

大将军系美国培育的大果型鲜食草莓品种,已在美国和欧洲
草莓产区扩大种植。由辽宁省丹东市草莓研究开发中心将它引进
我国。该品种植株大,生长势旺。叶片大,深绿色,匍匐茎抽生能
力中等。休眠期短,花芽分化容易。花朵大,花数较少。果实长圆
锥形,果个大。一级花序果平均单果重 38 克,最大单果重 80 克以
上。果形整齐,果面鲜红,着色均匀,富有光泽,外观美丽。

该品种抗旱,抗病,耐高温,适应性强。果实硬度大,耐贮性
好,尤其适合长途运输。果味酸甜,成熟期比较集中,丰产性好。
在丹东地区作日光温室栽培,可以连续结果,每 667 米² 产量高达
3 000 千克。该品种适于在我国北方地区进行日光温室促成栽培,
在南方地区作拱棚栽培。栽培时,应控制种植密度,一般以每 667
米² 栽 5 000～7 000 株为宜。另外,要注意防止花期发生低温危害
和控制氮肥的用量。

(三十)港 丰

港丰(暂定名)系丰香的直生变异,是辽宁省东港市一农户发
现的。经无性繁殖后,于 1998—1999 年,首先在温室试栽,获得高
产。又于 2000 年在示范区栽植,每 667 米² 产量高达 3 500 千克。
植株生长势强,株形半开张,匍匐茎抽生能力强,每株可产子苗

100 株以上,成苗率超过 90%。花序平于或略高于叶片。其叶片与丰香品种的叶片相似。花序抽生量大,属多级花序品种,可连续结果 6～7 个月。其产量比丰香品种高 30%～40%,无间歇性结果现象。果实为圆锥形或长楔形。一级花序果平均单果重 42 克,最大单果重 98 克。果面鲜红,果肉浅红,口感甜香,品质好。

该品种适于促成栽培,其成熟期比丰香品种晚 10～15 天。果实耐贮运。抗病性强,其根和叶几乎不感染病害。对蚜虫和白粉病有较强抗性。栽培时,要采用脱毒苗。在辽宁省丹东市东港市草莓的扣棚保温时间为 10 月 15 日至 11 月上旬,要及时疏除过多的花和果,健壮植株每个花序保留 5～6 个果即可。

(三十一)枥 乙 女

枥乙女(枥姬千禧)系日本枥木县农业试验场 1996 年育成的草莓品种。由江苏省镇江农业科学研究所将它引进我国。该品种植株生长势强,较直立。叶片大而且厚,近圆形,浓绿色,叶柄粗。匍匐茎抽生力强。每个花序的花朵数稍少。花柄粗长。种子凹入果面,色浅。果实圆锥形,鲜红色,果个大,商品率高达 80%～90%。单果重 14～15 克,一级花序果平均单果重 38 克。果面平整,富有光泽,外观美好。果肉淡红,果心红色,含糖量为 9%～10%,酸度低,汁液多,香味浓,品质优良。

该品种的果实硬度大,耐贮运。打破休眠需 5℃以下低温 100 多个小时。产量高而稳定,每 667 米² 产量为 2 000 千克左右,比女峰品种增产约 10%。抗病性中等,抗白粉病能力显著优于丰香品种,但它与女峰一样,没有对特定病害的抵抗能力。该品种可作观光果园种植用,适于保护地促成栽培。栽培时,不宜过量施肥,否则会降低产量。要防止高温、高湿导致果实硬度下降。

(三十二)红花草莓

草莓属植物通常开白花,与其亲缘近的委陵菜属有开红花的,将两者杂交可培育出开红花的草莓。英国最早培育出开红花的草莓品种"粉红熊猫"。日本青森县农业试验场培育成红色观赏四季品种"黑石"。1999年,沈阳农业大学从欧洲和日本引进了开红花的四季型草莓进行育种工作,已取得进展。

红花草莓株高仅5~10厘米。叶片小,卵圆形,深绿色,叶面平展,有光泽。匍匐茎红色,繁殖力极强,每一母株当年可繁殖匍匐茎苗40~100株,边抽生匍匐茎边开花。花朵粉红色,花径大,色鲜艳,每朵花有花瓣5~8枚,全年可不断开花,间歇期短,以春季开花为最盛。单株花量大,单花持续5~7天。果实小,红色,单果重5~10克。果实有特殊风味,酸味较浓。红花草莓主要用于室内盆栽,或供露地栽培观赏,也可吊养。其花、果和叶可常年观赏,很吸引人。栽培管理容易,经济效益高。

(三十三)石莓4号

石莓4号系河北省石家庄果树研究所育成的草莓品种。其亲本为宝交早生×石莓1号。2003年通过鉴定。该品种植株生长势强,株高约30厘米,株展38厘米×40厘米。叶片椭圆形,叶面光滑,茸毛少,叶缘有锯齿22~30个,叶柄长17~25厘米,托叶粉红色。两性花,花粉量大,花序稍低于叶面,每株有花序2~5个,每个花序结果7~11个。萼片近椭圆形,除萼容易。每株抽生匍匐茎8~10个,平均出苗14.9株。果实圆锥形,橘红色,外形美观。一级花序果平均单果重36.7克,最大单果重75克。果肉乳白色,肉质细,香味浓,髓心小,种子稍陷于果面。

该品种的果实,含可溶性固形物 9.44%、总糖 6.81%、总酸 0.64%、维生素 C 109.1 毫克/100 克。果实硬度为 0.418 千克/厘米^2,较耐贮运,耐低温,品质好。该品种对叶斑病抗性强,对白粉病和灰霉病也有一定的抗性。产量高,每 667 米^2 产量可达 3 000 千克左右。适于保护地和露地栽培。

(三十四)梯 旦

梯旦系美国品种,1989 年由河北省保定市草莓研究所将它引进。该品种植株生长健壮,直立,株高约 19.4 厘米。果实不易与地面接触。叶片较厚,近圆形,浓绿色,叶缘锯齿浅,叶面光滑,多茸毛。叶柄长 12.5～14 厘米。分枝能力强,花梗比叶柄粗。每株有花序 5～6 个,花序低于叶面。果实钝圆锥形,果形整齐,果面鲜红,有光泽。种子黄绿色,凹陷入果面。匍匐茎生长势强,每株抽生匍匐茎 20 个。

该品种果个大,一级花序果平均单果重 31.9 克,最大单果重 46 克。果肉橘红色,硬度大,味甜稍酸,汁多,略具香味,髓心大而空。含可溶性固形物 9.8%、维生素 C 94.47 毫克/100 克、磷 36.8 毫克/100 克、钙 18.35 毫克/100 克、铁 2.71 毫克/100 克、锰 0.32 毫克/100 克、锌 0.65 毫克/100 克、铜 0.01 毫克/100 克,品质较好。单株平均结果 27.8 个,株产量超过 400 克。抗叶斑病和叶灼病。耐高温。冷冻、鲜食和加工均宜。适于露地栽培。

(三十五)宫本 7 号

宫本 7 号系日本草莓品种。由江苏省农业科学院园艺研究所 1997 年从日本引进我国。该品种植株生长势中等,株高约 29 厘米,株展为 29 厘米×35 厘米。叶片椭圆形,浓绿色,边缘向上。

单株着生 7～8 片叶,叶片粗糙,叶柄长约 12 厘米。花序梗斜生,低于叶面,每序有花 7～9 朵。果实较大,圆锥形。一、二级花序果平均单果重 22 克,最大单果重 45 克。果形整齐,果面红色,光泽性强。果基无颈、花萼大。种子少,其颜色红、黄、绿兼有,平布于果面。果肉橙红色,髓心无空洞。味浓香、甜酸适口,品质优良。

该品种的果实含可溶性固形物 10%,硬度大,为 0.6 千克/厘米^2。其耐热性较强,在夏季气温高达 35℃ 以上时,植株能正常生长。花蕾耐低温能力强,冬季在长时间 0℃ 条件下,很少有黑心花。与丰香品种相比较,好叶率高,病斑少,抗白粉病能力强,产量也较高。适于保护地栽培。

(三十六)冬　花

冬花系中国药科大学从美国引进的品种,通过组织培养技术,采用人工诱导变异的方法,选育出大果型的四季草莓品种。该品种无休眠期,植株生长势强,繁殖系数高。果实圆形,浅红色,髓心较小。果实个大,均匀整齐,无畸形果,味甜,品质好。平均单果重 8.62 克,最大单果重可超过 50 克,每 667 米^2 产量为 1 500～2 000 千克。果实含可溶性固形物 9.1%。果肉质地稍软,不耐贮藏。抗低温能力和抗病性强,适应性广。在南京露地栽培,于 9 月份定植,11 月底第一次开花结果。如对它采取保温措施,则在元旦、春节期间均能采果,翌年 4 月份第二次开花结果。在北方地区,夏季气温低于 30℃ 时,也能照常开花结果。

该品种已在海南等省推广,受到一致好评。当植株有 7～8 片叶,生长时间达 100 天左右时,就能开花结果,故可通过采取适当的栽培技术,使它全年分期均匀结果。但一定要引种真正的脱毒苗,这样才能充分发挥品种的优良性状。

(三十七)五丰二号

五丰二号系 1998 年辽宁省东港市果树种苗服务部从日本引进的草莓品种。该品种植株生长势强,大小中等,匍匐茎抽生能力强。叶片中小,较厚,色绿,属于多级花序品种,可连续抽生花序 10 多茬,结果期长达 6 个多月。果实圆锥形或楔形,果色浅红至鲜红。果肩白色,采后可变红。种子小,凹陷于果肉中。果柄长,萼片反卷。一级花序果平均单果重 38 克,最大单果重为 68 克。果个均匀,肉质致密,含糖量为 11%~14%,品质好。

该品种的果实极耐贮运,3~5 月份采收的果实,其硬度超过同时栽培的其他日本品种的果实,产量高。在 2 年试验中,每 667 米² 平均产量达 4 000 千克以上,比丰香品种增产 66%。其植株未发现有白粉病感染。休眠浅,在当地 8 月中下旬栽植,12 月 10 日前后果实可投放市场,有良好的经济效益。该品种适于保护地促成栽培。

(三十八)戈 雷 拉

戈雷拉系比利时品种。由中国农业科学院品种资源所于 1979 年引进,在我国北方地区种植面积广。该品种植株生长直立,株型小,分枝力中等。叶片椭圆形,深绿色,托叶淡绿色。每株着生花序两个,每个花序有花 7~8 朵,花序梗斜生,低于或平于叶面。一级花序果平均单果重 22 克,最大单果重 34 克。果实短圆锥形,果面红色,有棱沟,果尖有时不着色。种子黄绿色,凸出果面或与果面平。萼片大。果肉橙红色,较硬,髓心空,味甜微酸,汁液红色。

该品种抗逆性、耐寒性和抗病性均强,对根腐病和轮斑病等也均有抗性。匍匐茎生长势强,每株平均抽生匍匐茎 6.9 个,出苗 8.9 株。较丰产,株产量一般在 300 克左右。休眠较深,为中晚熟品种。其果实鲜食、加工均宜,并且耐贮运。戈雷拉为露地栽培品种,植株结果后容易衰弱,畸形果发生量多。故栽培时,应注意更新植株并适当密植。

(三十九)哈 达

哈达系山东省现代农业示范基地,于 2000 年从以色列引进的草莓脱毒苗选育而成的草莓品种。该品种植株生长势强,株高平均为 28.2 厘米,株展为 38.8 厘米×33.2 厘米。叶片大,椭圆形,深绿色,叶柄粗壮,长 14.6 厘米。匍匐茎抽生能力较强,单株每年可繁殖 100～150 株。花序分枝部位很低,每株可抽生 4～5 次花序,每个花序平均有花 15.5 朵,无效花比率低。果个大而均匀,平均单果重 32.3 克,最大单果重 125.6 克。果实短圆锥形,果面红色,光滑发亮。种子浅黄色,分布均匀,深嵌果面。肉质细,橘红色,稍空心,无白筋,汁多,味香,酸甜可口。

该品种的果实含可溶性固形物 12.3%。果实硬度大,耐贮运。产量高,在济南冬暖大棚中,第一、第二次果每 667 米^2 产量平均达 2 973.5 千克。喜高温,耐低温能力差。较抗白粉病。休眠期短,适于在冬暖棚室中进行保护地促成栽培。

(四十)春 旭

春旭系江苏省农业科学院园艺研究所以春香和波兰品种杂交育成的草莓品种。2000 年通过审定。该品种植株生长势中等,较开张,株高约 29 厘米。叶片长圆形,单株着生叶 6～10 片。叶面平滑有光泽,叶柄细长,叶梗基部稍呈红褐色。花序平于或高于叶面,每株有花序 2～3 个。匍匐茎抽生能力强,每株可繁殖匍匐茎苗 100 余株。果实长圆锥形,平均单果重 15 克,最大单果重 36 克。果面鲜红色,富有光泽。种子分布密,稍凹于果面。果实柔软,果肉质细,色红,汁多,味香甜,品质好。

该品种的果实含可溶性固形物 11.2%、维生素 C 53.7 毫克/100 克。丰产性好,进行大棚栽培时,每 667 米² 产量为 2 000 千克左右。休眠期短,对 5℃ 以下的低温需求量少,在 40 小时以内。耐热,耐旱,也耐低温。较抗白粉病。适于进行促成栽培。在南京地区,果实采收期从 12 月中旬持续至翌年 5 月末。栽培时,定植时间宜早,一般在 8 月末至 9 月初。其需肥量大,应增加基肥用量,并及时追肥。

(四十一)赛 娃

赛娃系山东农业大学 1997 年从美国引进的大果型日中性草莓品种。该品种植株直立,株形紧凑,株高约 30 厘米,株展 35 厘米。叶片椭圆形,较厚,有光泽和茸毛,叶缘外卷,叶柄直立,托叶小。每株可抽生匍匐茎 5～7 条,每条又可分生 4～6 株。每个新茎有 1～3 个花序,每个花序有花 1～3 朵。花序低于叶面。果实圆锥形,少数有浅棱沟,果顶稍扁,果面红色,具光泽。肉质细,味浓香,酸甜适口,髓心稍空。果实长 4～7 厘米,平均单果重 31.2 克。种子稍凹陷于果面。

该品种的果实含可溶性固形物 13.5%,硬度大,耐贮运。其秋季果实的口感优于冬春季的果实。产量高而稳定。在山东省泰安地区,其单株(丛)累计年产量为 910～1 250 克。它对叶部病害抗性极强,无白粉病等危害。适应性广,抗旱、抗寒性强,耐高温,无明显休眠期。露地栽培时,3 月中旬萌芽,5 月份开花结果,直至 11 月初。此后,可将它进行保护地栽培。这样,就可实现该品周年结果的栽培目的。

（四十二）惠

惠系 1999 年命名并注册的日本草莓品种。由山东省农业科学院果树研究所将其引进我国。其植株生长势强,匍匐茎抽生较少。每个花序平均有花 5～7 朵。花芽分化早,在相同条件下比丰香开花早 10～15 天。果实圆锥形,果肉淡红色,香味浓,含可溶性固形物 10%～12%。果实硬度与丰香品种相同。平均单果重 21 克,全生育期每 667 米² 产量为 2 367～2 780 千克。

该品种果实易着色,而且色泽较深,故可省去以改善着色为目的而采取的措施。果实采后仍能着色。因此,当果实着色七成左右即应采摘,经贮藏 5 天后,其果色及光泽俱佳。由于植株着花数少,故不需疏花。果实整齐度极高,畸形果少。管理省工。商品果率比丰香品种的高 10%～21%。该品种外观及食用品质俱佳。在山东省泰安地区,其秧苗于 9 月中旬定植,11 月中旬可收获。惠品种适于保护地促成栽培。

（四十三）静　宝

静宝系日本品种,由久留米 103 与宝交早生杂交育成。1982年登记注册。其植株生长势强,直立。叶片中等大小,数量较多,绿色。匍匐茎抽生多。单株着生花序 2 个,每个花序着生花 5～6朵,为两性花。果实长圆锥形,鲜红色,富光泽。平均单果重 15.3克,最大单果重 29 克。果形整齐,畸形果少,外观艳丽。果肉稍软,果汁多,糖度和酸度较高,风味浓。含可溶性固形物 11%,适宜做果汁。耐贮性比宝交早生和春香品种好。

该品种休眠期浅,打破休眠仅需 5℃ 以下低温约 40 小时,产量高。抗黄萎病,对白粉病、灰霉病和炭疽病也有中等抗性。在江苏省镇江市农科所促成栽培品种试验中,静宝在供试的 5 个品种(女峰、丰香、明宝、爱美)中,表现最早熟,适于促成栽培。其鲜果在 12 月 8 日成熟,比其他品种提早半个月,而且年内鲜果产量占总产量的 30%,有利于抢占圣诞节、元旦市场。

(四十四)申旭 1 号

申旭 1 号系上海市农业科学院园艺研究所和日本国际农林水产业研究中心,从盛冈 23×丽红杂交后代中选育而成的草莓品种。1997 年定名。该品种植株生长势强,直立,匍匐茎抽生较少。叶片椭圆形、绿色,较厚,具光泽,叶柄粗。花序低于叶面,第一花序平均有花 18～19 朵,第二花序有花 12～13 朵。花芽开始分化期与宝交早生品种的相近,但果实发育期长,产量显著高于宝交早生。果实圆锥形,偶有扁形。果个大,平均单果重 12.3 克。坐果率为 61.7%,商品果率为 92.12%。果面深红色,着色均匀。种子红色,平于果面。果肉橙红色,肉质细,无空洞,味酸甜适口,略有香味,品质好。果实硬度大,耐贮运。

该品种的果实含可溶性固形物 9.68%、总酸 0.54%、维生素 C 94.7 毫克/100 克。抗病性强,对炭疽病和灰霉病的抗性尤其突出。产量高而稳定,单株平均产量为 322 克。休眠较浅,为早熟品种,适于半促成或促成栽培。

(四十五)早美光

早美光系山东省农业科学院果树研究所 1997 年从美国引进的草莓品种。它植株生长势强,直立紧凑。株高约 37.6 厘米,株展为 42.2 厘米。叶片椭圆形,叶面呈匙状,黄绿色,有光泽,叶柄长 24 厘米左右。每棵单株平均有新茎 2 条,匍匐茎 2.8 条,花序 2.4 个,每个花序有花 6.4 朵。花序低于叶面,花梗斜生,果实短圆锥形,多数有果颈,果面鲜红,有光泽。平均单果重 15.8 克,一级花序果平均单果重 21.2 克,最大单果重 42.3 克。种子黄绿色,分布均匀,与果面相平或稍凸。果肉红色,质细,味浓。果肉硬度大,耐贮运。

该品种含可溶性固形物 9.2%、总酸 0.68%,均高于全明星品种,是优良的鲜食、速冻及加工兼用型品种。也是目前最早熟的品种,成熟期与丰香相同。适应性广,可在多种土壤和气候条件下栽培。对叶枯病、叶斑病、红中柱病和黄萎病,均有极强抗性。产量高,每 667 米^2 产量达 1 800 千克。适于保护地栽培,其栽植密度宜为每 667 米^2 1.2 万～1.5 万株。栽种时,应重施有机基肥。

(四十六)红 丰

红丰系山东省农业科学院果树研究所选育而成的草莓品种。1989 年通过鉴定。该品种植株生长势强,直立紧凑,株高约 16 厘米,株展为 38 厘米×37 厘米。托叶大,近圆形,深绿色,有光泽,叶柄长 12 厘米,黄绿色,茸毛多。单株有花序 3～4 个,每个花序平均有花 8 朵,花序多为二次抽生,其间隔时间为 7～10 天。第一批花序低于叶面,第二批花序与叶面相平或稍高。果实整齐,圆锥形,多数有果颈,颜色鲜红,富有光泽。种子凸出果面。果肉橘红色、艳丽、质地细、甜酸适口,品质优良。

该品种的果实含维生素 C 59.6 毫克/100 克、含糖 7.73%、含酸 1.04%。单株坐果 15 个左右。一级花序果平均单果重 19.2 克,最大单果重 62 克。丰产,每 667 米^2 产量超过 1 500 千克。适应性强。果实硬度大,耐贮运。鲜食或加工果汁、果酱均适宜。抗叶斑病。为露地品种,栽培时要严格疏花疏果,并及时除去匍匐茎。

(四十七)新 红 光

新红光系河北省农林科学院石家庄果树研究所1997年从美国品种早红光中选出的株变。该品种植株生长势强,株高约17.5厘米。叶片椭圆形,浓绿色,长10厘米、宽8厘米,全缘锯齿深,表面光滑,质地软,茸毛少。叶柄长14厘米,黄绿色,托叶小。花为两性花,白色,花柄茸毛多,有托叶。单株有2～3个花序,花序分枝为2枝,平于或低于叶面。果实圆锥形或楔形,鲜红色,果面有光泽。果个比早红光品种的果个大,平均单果重40克,最大单果重73.1克。果肉橘红色,汁液多,髓心空,味酸甜,有香味。种子黄绿色,陷入果肉较浅。

该品种含可溶性固形物9.8%、总糖7.154%、总酸0.781%、维生素C 84.94毫克/100克。匍匐茎生长势中等,每株抽生匍匐茎17个。该品种适应性强,果实硬度较大,产量高,平均株产329克,最高株产404克。果实品质好,较耐贮运,鲜食或加工均适宜。对叶斑病、叶灼病、黄萎病和红中柱根腐病均有较强抗性,适于露地栽培。新红光对炭疽病特敏感,栽培时应重点对其加以防治。

(四十八)新星2号

新星2号系西班牙品种,由北京郁金香生物技术有限公司于1999年从国外引进,亲本不详。其植株健壮,生长势强。叶片中等大,浅绿色。花序花梗直立,高于叶面,花为两性花。果实长圆锥形,果面颜色鲜红。果实硬度好,耐贮性强,适于长途远运。果个大,最大单果重98克。品质较好,味酸甜。种子亮黄色,凹于果面,分布均匀。该品种极耐高温,是一个少有的适应性强的优良品种。在华北保护地栽培,10月中下旬扣棚保温,12月下旬至翌年1月上旬果实开始成熟。采用放蜂授粉,丰产性好。连续结果能力强。全年每 667 米² 最高产量可达 3 000 千克,无小果。

该品种适于北方保护地和南方露地栽培。在海南岛和广东汕头地区露地栽培,连续 3 年均获高产,是南方受欢迎的品种。其栽植密度,北方保护地为每 667 米² 8 000～10 000 株,南方露地为8 000 株左右。

(四十九)石莓 2 号

石莓 2 号系河北省农林科学院石家庄果树研究所,以春香为母本,海关早红(八倍体)为父本杂交育成。1995 年通过省级品种审定。该品种植株生长势强,株冠大,较直立。叶片椭圆形,较厚,浓绿色,叶面光滑,茸毛少。叶长 8.5 厘米、宽 7 厘米,叶缘锯齿粗,托叶小。花序低于叶面,每株有花序 5～8 个。花萼翻卷,萼片大。该品种匍匐茎抽生和繁殖力极强,每株抽生匍匐茎多达 39个。果型大,一、二级序果平均单果重 30 克,最大单果重达 98 克。果实楔形,大小整齐,红色,具光泽。肉质细,汁液多,髓心空,风味酸甜、香味浓。

该品种含可溶性固形物 11.6%、总糖 8.224%、总酸0.858%、维生素 C 79.63 毫克/100 克。其中的果重、可溶性固形物、总糖等几项指标均高于宝交早生和全明星品种,品质上等。石莓 2 号丰产性好,平均单株坐果 15 个左右,平均单株产量 422.2克。在冀、豫等地示范,露地栽培的每 667 米² 产量超过 1 500 千克。该品种抗灰霉病和炭疽病,但对叶斑病抗性差,故定植时要摘除有病斑的叶片,并注意防治病虫害。由于其匍匐茎繁殖力强,故宜适当稀植,防止郁闭,一般每 667 米² 栽植 6 000 株左右。在北方地区,定植时间宜在立秋前后。

(五十)绿色种子

绿色种子系沈阳农业大学从"扇子面"品种自然杂交种子播种的实生苗中选出的中晚熟品种,1985 年通过审定并命名。其植株较高,一般为 25.5 厘米,株展大,一般为 46.5 厘米。叶片较大,椭圆形,色较浅,边缘锯齿较粗且深,叶面平滑,有光泽,茸毛少。叶柄浅绿色,叶基部托叶长。花序梗较粗,茸毛较多,花冠大(3.3 厘米)。果实圆锥形,较整齐,色红,果面平整。种子黄绿色,稍凸出果面或与果面平。萼片平贴或稍反卷。第一级序果平均单果重 13.2 克。最大单果重 25.2 克。果肉橙红色,肉质细,味香甜,汁液红色。

该品种含可溶性固形物 8.5%、维生素 C 66.88 毫克/100 克、酸 0.96%,品质优。果实硬度较大,较耐贮运。抗逆性和抗寒力强,抗叶斑病、叶灼病和叶枯病。该品种的果实鲜食、速冻和加工均宜,比较丰产和稳产,综合经济性状较优。由于花芽分化开始稍晚,弱苗的顶花芽往往当年分化不完全,因此培育优质壮苗是丰产的关键。该品种匍匐茎抽生期较晚,在沈阳地区为 7 月 12～19 日。为了培育优质壮苗,宜另设母本园,每 667 米^2 栽植 8 000～10 000 株。露地栽培时,采收期为 6 月 12～17 日。栽植时,宜搭配不同成熟期的其他品种。

(五十一)阿特拉斯

阿特拉斯系美国品种,我国于 1989 年将其引进。该品种植株生长势旺盛,匍匐茎繁殖力强,每株抽生匍匐茎 12 个。株高约 16.2 厘米。叶片大而厚,有光泽。叶片近圆形,绿色,长 8.2 厘米、宽 7.4 厘米。叶片质地软,锯齿中深。叶柄浅绿色,长 10.7 厘米,托叶小。每株有花序 3～4 个,花序低于叶面。花为两性花,白色,有花瓣 5～7 枚。种子绿黄色,分布密,陷入果面较浅。果实浅红色,圆锥形,果面有光泽。果肉较硬,较耐贮运。肉质细,多汁,味酸甜,有香味。含可溶性固形物 9.2%、总糖 6.99%、总酸1.33%、维生素 C 53.68 毫克/100 克。果个大,第一级序果平均单果重 20.8 克。

该品种适应性强,早熟。在河北省保定地区 5 月初开始成熟,6 月上旬为采收末期。抗叶斑病,极抗叶灼病。丰产,最高株产量可超过 600 克,每 667 米² 平均产量为 1 400 千克左右。阿特拉斯的果实鲜食品质好,不宜进行冷冻加工。该品种为露地栽培优良品种,适于北方地区栽培。

生产上已经使用,并且有一定栽培面积的国内自育或引进的优良草莓品种,还有很多。如露地栽培品种,有索非亚、达娜、硕蜜和艾尔桑塔;小拱棚栽培品种,有红珍珠、硕香和哈尼;半促成栽培品种,有美思、矮丰和星都 1 号;促成栽培品种,有庆香、丽红、瓦达和艾斯诺;盆栽四季草莓品种,有长虹 2 号、三星和巨型月季;加工品种有达思罗、莱斯特、因都卡和美国 6 号等。

四、草莓的繁殖技术

草莓的繁殖方法有匍匐茎繁殖、母株分株繁殖、种子繁殖和组织培养繁殖4种。

（一）匍匐茎繁殖

匍匐茎繁殖是草莓生产上普遍采用的常规繁殖方法。由此获得的秧苗，可避免采用母株分株法时，剪除根状茎后留下大伤口的弊端，因而不易感染土壤传播的病害。秧苗质量好，繁殖容易，繁殖系数较高，每667米² 草莓全年可繁殖2万株左右的优质秧苗。

匍匐茎最早在果实成熟时开始发生，但大多数在采果后发生，一般早熟品种发生较早。匍匐茎萌发的适宜条件是，每天日照在12～16小时，气温在14℃以上。但在同样的长日照条件，当气温低于10℃时，也不能抽生匍匐茎。具备这种条件的季节，在辽宁兴城为5月上旬至9月下旬。在南方地区，这个阶段长，开始期也较早。

匍匐茎的发生量与母株经受的低温时间长短有关。例如，宝交早生品种需要5℃以下低温累积时间达到400～500小时，如果低温感受不足，会影响匍匐茎的发生。因此，在温暖地区种植草莓，不能选用对低温要求较强的品种。匍匐茎的发生量也因品种而异。如四季草莓一般不易发生匍匐茎。为了促使匍匐茎发生，在母株幼苗展开3～4片新叶时（京、津地区为5月上旬），摘除花蕾后喷布0.01%赤霉素液，可显著提高匍匐茎的发生量和匍匐茎苗的质量。

生产上通常在浆果采收后，将作为种苗繁殖地块上的草莓隔行去行,挖除保留行中过密的植株或病、弱、杂株,定出位置,并对全园追肥、灌水、中耕和松土,使留下的母株抽生匍匐茎。草莓匍匐茎上的第二、第四和第六的偶数节上,能发生不定根,形成营养苗,或叫匍匐茎苗。一般每条匍匐茎上能产生 3～5 株营养苗,但其中只有靠近母株的 1～2 株营养苗发育健壮。对其余的营养苗和多余的匍匐茎,应及时摘除,使母株养分集中供应所保留的营养苗。

匍匐茎大量发生以后,应及时将其引向母株外围,使之排列均匀,并在第二、第四节上压土,以促发不定根,早日形成大苗和壮苗。在 7 月份,当营养苗生长有 3～4 片复叶时,要及时将营养苗从母株上剪离,以此作为定植苗。

秋季,对尚未生根或生根很少的匍匐茎上的叶簇,按较密的株行距,假植于营养条件较好的土壤里,保持适宜的土壤湿度,约半个月,可长出根系,然后进行秋栽。也可将晚秋形成的小苗,移栽至冷床或温床中,冬季采取保温措施,使其继续生长,以供春季移栽用。

为了获得草莓丰产,培育优质壮苗,可采取以下措施。

1. 建立母本园

作为专门的草莓繁殖圃,要选择灌排方便、土壤疏松肥沃和背风向阳的田块。选品种纯正、无病虫害的优质秧苗作母株。为保证母株有充足的营养面积和伸展匍匐茎的空间,定植行距为1.3～1.5 米,株距为 50 厘米,每 667 米^2 栽植 800～1 000 株。对母株应精细管理,及时松土灌水。匍匐茎抽生 30～40 厘米长后,要及时压茎,促使其发根成苗。每一母株只保留 4～5 株匍匐茎及靠近母株的 1～2 株苗,将其余的匍匐茎和匍匐茎苗全部除去。匍匐茎苗移栽前 10 天,应切断匍匐茎。翌年春季,应将母株发出的花序随时摘除,并补充营养。母本园一般在 3 年后进行轮换。

2. 营养钵压茎

繁殖优良品种时,在母株少的情况下,可在匍匐茎大量发生时期,将口径为15～20厘米的花盆埋在母株四周,在盆内装入肥沃的营养土,将匍匐茎上的叶丛压在盆土内,保持适宜的湿度,促使生根。此法可提早获得健壮秧苗,将其带土移入母本园。移栽后无缓苗过程,当年还能抽生匍匐茎扩大繁殖。

3. 叶丛扦插

将母株匍匐茎上形成的叶丛,在未发根前将其剪下,放在水中扦插,使其生根成苗。一般在茎节上有2片以上正常叶片时即可扦插。扦插时,注意使叶丛基部接触水面,隔天换1次水,待叶丛下部长出5～6条根后,即可栽植土中。

有条件的地方,也可在温室或塑料棚内安装喷雾设备,以保持一定的空气湿度,形成雾室。把叶丛扦插在雾室内的沙箱或沙床上,雾室内的温度不宜过高,因草莓在20℃以下发根迅速。无降温条件时,只宜春秋繁殖。约10天叶丛发根后,移入口径10厘米的盆钵中,生长一段时间后定植,或直接移到地里,但需遮阴,待缓苗后才能除去遮阴物。

(二)母株分株繁殖

母株分株繁殖法又称分墩法,适用于需要更新换地的草莓园或不易发生匍匐茎的草莓品种。母株分株繁殖的方法是在浆果采收后,加强对植株的管理。7～8月份,当老株地上部有一定新叶抽出、地下部有新根生长时,将老株挖出,剪除下部黑色的不定根和衰老的根状茎,将1～2年生的新根状茎逐个分离。这些根状茎的上部应有5～8片健壮叶片,下部应有4～5条长4厘米以上的浅黄色健壮不定根。分离出的根状茎栽植后,应加强管理,使其翌年能正常结果,产量较高。

分株法的繁殖系数较低,一般 3 年生的母株,只能得到 8～14 株达到定植标准的营养苗。但分株繁殖不需要专门的繁殖圃,不需要摘除多余的匍匐茎和节上压土等工作,可节省劳力和成本。对只有叶片、没有根的根状茎营养苗,可保留 1～2 片叶,将其余的叶片全部摘除,然后进行遮阴扦插育苗。经过精细管理,使其发根长叶。在秋季定植,越冬前能培育成较充实的营养苗。

也可培育母株新茎苗,用它来结果。其方法是:把第一年结果的植株,在果实采收后,带土坨挖出,重新栽植在平整好的畦或垄上。如畦宽为 70 厘米,可栽 2 行,行距 30 厘米,行内按间隔 50 厘米挖穴,每穴栽 2 棵苗。缓苗 1 个月后,母株上发出匍匐茎,当每株有 2～3 条匍匐茎时,掐去茎尖,以使母株上的新茎苗加粗。去匍匐茎要反复进行。这样栽植的 2 年生苗,在每穴 2 棵母株根状茎上的新茎苗,至少可分生 4～6 个。新茎上着生的花序,加上新茎苗周围匍匐茎上的花序,比单纯栽匍匐茎的花序数要多 1/3 以上,产量也有显著提高,而且还节省秧苗、土地和劳力。果实采收后,把 3 年生草莓苗去掉,结 1 年果的 2 年生苗又可利用。

(三)种子繁殖

种子繁殖属于有性繁殖,其成苗率低,后代变化很大,生产上一般不采用。但为了杂交育种或选育新品种,则需采用种子繁殖。远距离引种或对一些难于获得营养苗的品种,也可用此法繁殖。

进行种子繁殖时,应从优良单株上选取充分成熟的浆果作种用。用刀片将果皮连同种子一起削下,然后平铺在纸上,晾干后将种子刮下。或把浆果包在纱布内揉搓,挤出果汁,用水清洗,摊开晾干,除去杂质。但上述方法比较费工,种子还容易发霉。可用高速组织捣碎机分离种子，迅速把草莓种子脱粒。其方法是把浆果除去果梗后，在清水中冲洗干净，然后按果实与水1：1的重量比例混合，倒入高速组织捣碎机的杯中，用慢速搅拌20秒，静置3～5分钟后，可使种子与捣碎液分离。为了加速捣碎液澄清，在搅拌前可加2％的食盐。此法脱粒，不损坏种子，对发芽无影响。每千克鲜草莓可获得10.2～11.2克种子，脱净率在95％左右，工效可比手工脱粒提高8～10倍。

草莓种子的发芽力，在室温条件下可保持2～3年。种子无明显休眠期，因此可随时播种。播种前，对种子进行层积处理1～2个月，可提高发芽率和发芽整齐度。也可把种子放在纱布袋内浸种24小时，再在冰箱内0℃～3℃低温下处理15～20天，然后取出播种。因草莓种子小，最好在装有营养土或腐殖土的瓦盆或播种盘内播种。如在苗床播种，则土壤要平整细碎，多施腐熟厩肥。播时先灌透水，然后在土面上均匀撒播，其上覆0.2～0.3厘米厚的细土，再覆盖塑料薄膜保湿。如盆土干燥，可用喷壶浇水，也可将瓦盆或播种盘放在水槽中，约2周即可出苗。幼苗长出1～2片真叶时分苗。分苗可用营养钵，每钵栽1株，放在苗床上，精心培育，待苗长至4～5片复叶时，即可带土移栽至大田或繁殖圃进一步培育。一般春季播种，秋季可定植大田，秋播的要在翌年春季才能定植。

（四）组织培养

培养无病毒苗通常有茎尖培养、花药培养和热处理3种方法。热处理法受条件限制，国内应用不多。

组织培养或叫离体繁殖，通常是培养草莓匍匐茎顶端的分生组织（茎尖），诱导出幼芽，然后通过腋芽的增殖，迅速扩大繁殖。幼株经驯化培育后，移植到大田，也可进行花药培养。组织培养的

优点是:一是比常规育苗生长旺盛,成活率高,平均增产可达 15%
左右;二是不占用土地,不受环境影响,可进行工厂化生产;三是繁
殖快,一年内一个分生组织能获得几万至几十万株优质苗,可迅速
更新品种;四是组培苗不带毒,能起到脱毒作用。目前已有不少科
研和教学部门,开展草莓组培繁殖技术的研究工作,组培方法日臻
完善,组培苗已在生产上推广应用。现以草莓花药培养为例,介绍
组织培养繁殖。

1. 培养基的配制

基本培养基是 MS 培养基。一般应配制 3 种培养基,即诱导
愈伤组织和植株分化的 1 号培养基,其成分为 MS 培养基附加吲
哚乙酸(IAA)4 毫克/千克、6-苄氨基腺嘌呤(BA)2 毫克/千克、激
动素(K)2 毫克/千克、蔗糖 30 克/升、琼脂 6～7.5 克/升。2 号培
养基为小植株增殖培养基,其成分为 MS 培养基附加赤霉素
(GA_3)0.1 毫克/千克、吲哚丁酸(IBA)0.2～0.5 毫克/千克、6-苄
氨基腺嘌呤 1 毫克/千克,蔗糖和琼脂同前。3 号培养基为诱导生
根培养基,其成分为 1/2MS 培养基附加吲哚丁酸 0.2 毫克/千克、
活性炭 3 克/升、蔗糖 20 克/升、琼脂 6～7.5 克/升。

培养基溶液在熬制前,将酸碱度调整至 pH 值 5.8,培养温度
为 20℃～25℃,空气相对湿度为 50%～70%,前期微光,长苗后光
照度为 1 500～2 000 勒,每日光照 10～12 小时。

2. 接种与消毒

草莓开花前,取大小为 4～6 毫米处于单核期的花蕾。将采集
的花蕾用自来水冲洗数次,再放入无菌三角瓶中,用 70%酒精浸
泡 1 分钟,或用酒精棉擦洗蕾面以灭菌,然后用 0.1%升汞水消毒
10 分钟,再用无菌水在无菌条件下冲洗 3～5 次后,取出花蕾,剥
取花药,接种到 1 号培养基上,每个培养瓶可接种 30～50 个花药,

然后放在培养室内培养。

3. 继代培养

培养2周后,花药陆续形成愈伤组织。愈伤组织产生多少,因草莓品种不同而有差异。愈伤组织在培养基上生长4～6周后,由于营养物质的消耗、水分散失以及代谢物质的积累而老化,故必须把组织转移至新的培养基(2号)上。这种转移培养称为继代培养。老化的愈伤组织经过继代培养后,能够恢复活力而迅速生长,保持营养繁殖,多数品种每个月增殖4～5倍。在增殖培养基上的小植株,其根系基部往往带有愈伤组织,影响植株移栽成活和正常生长,所以应及时把芽丛分开成单芽,再转接至3号培养基上,以诱导生根。如此4周左右转接1次,一年内每个分化组织可获得数万株幼苗。

4. 植株转移

从培养基中取出草莓苗,洗去培养基物质后,移栽至温室,移栽基质用沙壤土或林地的腐殖质土,容器可用直径6厘米的塑料营养钵。移栽后灌透水,加塑料罩保温。半个月后去罩,2～3个月后可将其移到大田栽植,成活率可达90%以上。当年移栽成活的母株,要疏花,少留果,以免影响植株的生长和种苗的繁殖数量。草莓花药培养的植株,经脱毒鉴定,均不带病毒,为无病毒苗。

脱毒苗的生产性能,与非脱毒苗比较,有明显的差异。中国农业科学院果树研究所于1988—1989年进行了二者的田间小区比较,结果如表1所示。

表1　草莓脱毒苗与对照非脱毒苗的生产性能比较

品　　种	株高 (厘米)	株展直径 (厘米)	单果重 (克)	产量 (克/株)	产量比较 (%)	可溶性固形 物含量(%)
春香脱毒苗	26.9	30.75	17.6	6366	141.9	8.5
对　照	23.45	29.85	17.5	4486	100	8
宝交早生脱毒苗	26.45	33.2	16.5	5058	121.2	8.3
对　照	24.95	28.95	15.9	4174	100	7.2
索非亚脱毒苗	26.75	32.1	22.1	9083	137.4	5.7
对　照	24	27.9	19	6613	100	5.3

5. 病毒的检测与鉴定

　　通过组织培养法获得的无病毒草莓,必须经过病毒检测与鉴定,才能在生产上推广应用。病毒鉴定的方法一般采用小叶嫁接法。取被检测草莓植株上新长成的叶片,除去两边小叶,取中间小叶带1～1.5厘米长的叶柄,削成楔形作为接穗,并将叶片尖端剪掉1/3,然后将小叶嫁接在对草莓病毒敏感的指示植物上(鉴定草莓病毒的指示植物有多种,可分别用编号EMB、EMK、UC1等表示)。指示植物上除去中间小叶,两者叶柄粗细应相近,在叶柄中央部位用刀切入1～1.5厘米长的切口,把接穗插入,用塑料膜包扎好接口,再套塑料袋,并经常灌水。2周后除去塑料袋,如植株有病毒,1个月左右会出现症状,最初出现在新生叶片上,以后老叶及匍匐茎上会相继发生病斑。如无病斑,则说明被检测植株无毒。

6. 防止病毒再侵染

　　无病毒苗如果在有病毒侵染的草莓产地栽植,仍会受到病毒的侵染。因此,必须实施无病毒化栽培。其主要措施为:一是栽植无病毒苗的苗圃,至少应与老草莓园间隔 1 500 米。二是选择没有栽植过草莓或茄科作物的地块,栽植无病毒匍匐茎苗。三是彻底根除传播草莓病毒的蚜虫,主要是草莓钉蚜。匍匐茎旺盛生长期,也是病毒侵染的时期,应特别注意防治蚜虫。四是母株最好栽培在网室内,或用 20~25 筛目的纱网覆盖,地面也可用银色反光膜覆盖,以便于驱蚜。

　　栽植组织培养苗的苗圃,土壤应疏松肥沃,有条件的在栽植前应进行土壤消毒。每 667 米^2 栽植 1 500 株左右。其他田间管理与常规生产相同。

　　无病毒苗生长势较强,产量高,在田间种植 2~3 年后,又会受到病毒感染。当发现产量明显下降时应重新更换新苗。

五、草莓露地栽培技术

露地栽培又称常规栽培,是指在田间自然条件下,不采用保护地设施(如塑料大棚、小棚等)的一种栽培方式。即秋季定植草莓,在露地生长,当年完成花芽分化、越冬后于翌年夏季收获草莓果实。露地栽培在我国仍普遍采用。其优点是栽培容易,管理简单,成本低,果实质量好,可与其他作物进行间作、套种和轮作,还可进行规模经营,经济效益好,因而在生产上易于推广。其缺点是易受外界不良环境的影响,如早春的低温和晚霜,会对草莓生长和花器发育造成伤害,持续的高温和伏旱会使植株萎蔫干枯,还易遭受病虫危害。大面积栽培时,由于上市时间集中,销售价格低,经济效益会下降。

(一)栽植技术

1. 栽植制度

一般采用2种栽植制度,即一年一栽制和多年一栽制。

(1)一年一栽制 上年秋季定植,翌年收获一茬果实后,耕翻掉草莓植株,另择田块重新栽植秧苗。一年一栽制产量较高,果实较大,品质好,病虫害少,能提高土地利用率,增加经济收入。在菜田多或人多地少的城市郊区,采用一年一栽制较多。

(2)多年一栽制 栽植后经过几年才更新土地。这种栽植方式,稍能节省人工,但产量低,品质差,病虫害多,经济效益不高。一般在土壤杂草少、地下害虫不多、劳力较缺、大面积集中栽培时,采用这种栽植制度较多。栽培草莓,特别是从外地引种时,常因秧苗质量差,第一年产量不高,翌年才获得较高的产量。也有的品种,能连续3年保持较高的产量,如荷兰的汤美拉。但一般草莓长到第三年已明显衰退,产量减少,品质下降,病虫害发生多,经济效益降低。所以,露地栽培草莓以两年一栽较为适宜。

2. 园地选择

草莓具有喜光性,但也耐荫蔽;喜水,也怕涝;喜肥和怕旱等特点。栽植草莓应选择地面平整、阳光充足、土壤肥沃、疏松透气、排灌方便的地块。地下水位较高的水田,可开挖沟渠栽植。山坡地,可修成梯田或采用等高方式栽植。草莓可与其他作物合理间作或轮作。草莓园应选择与草莓无共同病害的前茬作物地块。茄子、番茄、马铃薯和甜菜等作物,与草莓有共同的病害,不宜选择前茬为这些作物的地块栽培草莓。选择前茬作物为豆类、瓜类、油菜、小麦、玉米等禾本科作物的地块较适宜。有线虫危害的葡萄园和已刨去老树的果园,未经土壤消毒,也不宜栽种草莓。风口地带,或易受寒流与霜冻危害的地方,也不宜种植草莓。草莓采收期用工集中,建立商品生产基地时,应根据当地的劳力情况,合理安排种植面积,并且要注意选择离城市近、交通方便、有加工条件的地点种植草莓,以免造成不必要的经济损失。

3. 土壤准备

栽植草莓前要耕翻土壤,深度为30厘米左右。整地质量要高,无土块,要求沉实平整,以免栽植后灌水引起秧苗下陷,影响成活。如果园地杂草多,可在耕翻前半个月左右,每667米^{2}用10%草甘膦乳油0.5千克,加水50升,喷洒杂草茎叶,待草枯死后再耕地。然后结合翻地,施入基肥。农家肥是草莓优质丰产的基础,一般每667米^{2}施腐熟优质农家肥不少于5 000千克,另加50千克过磷酸钙和50千克氯化钾,或加50千克三元复合肥。如土壤缺素,还应补充相应的微肥。草莓栽植密度大,生长周期短,在基肥充足的情况下,翌年春季补充适量化肥就可满足植株生长结实的需要。连作的草莓地,施追肥更困难,因此基肥一定要充足。施基肥要全园撒施均匀,然后耕翻土壤,使肥与土充分混合均匀。

翻耕时间宜早,最好伏前晒垡,使土壤熟化。应按照定植要求,做畦打垄。在北方地区,一般采用平畦栽植,畦长 10～20 米、宽 1.2～1.5 米,畦埂高 15 厘米左右。平畦栽植的优点是灌水方便,中耕、追肥和防寒等作业比较容易。其缺点是畦不易整平,灌水不匀,局部地段会湿度过大,通风不良,果实易被水淹而霉烂。在南方地区,由于雨水多,地下水位较高,宜采用高垄栽培。垄高 30 厘米,垄畦面宽 1～1.3 米,垄畦底宽 1.4～1.7 米,畦沟宽 40 厘米。如覆盖地膜,则应把畦宽减少至 70～75 厘米。高垄栽培的优点是排灌方便,能保持土壤疏松,通风透光,果实着色好,质量高,果实不易被泥土污染。其缺点是易受风害和冻害,有时会出现水分供应不足。做好畦垄后,可灌 1 次小水或适当镇压,以使土壤沉实。

4. 品种搭配和选择

草莓自花授粉能结果,但异花授粉增产效果更明显。因此,除主栽品种外,还应搭配授粉品种。例如,以宝交早生作为主栽品种,授粉品种可搭配春香、明宝和明晶。一个主栽品种可搭配 2～3 个授粉品种。主栽品种所占的面积不少于 70%,其余为授粉品种。为了延长供应期,可采用早、中、晚熟品种搭配栽植。大面积栽植时,品种不宜少于 3～4 个。主栽品种与授粉品种相距一般不宜超过 20～30 米。同一品种应集中配置在园内,以便于管理和采收。在栽植面积大、地势又起伏不平的情况下,应把早熟和中早熟品种栽植在较高的地点,因为高地春季地温升高较快,既有利于根系提早活动,又能减轻花期的晚霜危害。选择草莓品种应考虑以下因素。

(1)地区适应性 适于北方寒冷地区栽培的品种,一般休眠期长,但在暖地栽培则表现为类似长日照四季结果型草莓的特性,匍匐茎发生少,开花结果期长。所以,越往南越应选择所需低温时间短、生理休眠浅的早熟品种。在北方地区栽培的品种,还需要能抗花期晚霜的危害;在南方地区,则需要选择抗夏季高温干旱的品种。同时,所选品种应对当地的多发病虫害,具有较强的抗性。

(2)栽培目的 以生产鲜食或加工用草莓果实为栽培目的的,对品种的要求不同,即使是兼用型品种,对不同的加工制品也有不同的要求。因此,一定要根据不同的栽培目的,选择相应的优良品种。

(3)栽植形式 保护地栽培或露地栽培均各有适宜的品种。进行盆栽,宜采用株型小的四季草莓。

5. 秧苗准备

秧苗质量优良,是栽后成活和高产的基础。对匍匐茎苗要求无病虫害,有较多新根,根茎粗度在1厘米以上,至少有4片展开的叶子,中心芽饱满,叶柄短粗,叶色浓绿,植株鲜重30克以上,地下部根重约占全株的1/3。不能用叶柄长的徒长苗。如果采用老株的新茎苗,则必须具有较多的新根,否则栽后很难成活。

起苗前,先割除老叶,留2~3片心叶。就近栽植的,最好随起苗随栽苗。要保护所起出的秧苗根系不干燥,因此应适当淋水保湿;也不能将根系长时间浸泡在水里。需长途运输的秧苗,从园地起出后,应将土去掉,适当疏除基部叶片,每50株捆成一捆。然后用水浸湿根系,随即放入浸过水的蒲包、草袋或塑料袋中扎好,再置于筐、箱等盛器中待运。对依靠外地或远距离供应秧苗者,要事先把栽植园地平整好,做到地等苗。秧苗运到后,要检查质量。对合格秧苗,可适当用水浸根系或蘸以泥浆,置于阴凉处,随即栽植。

6. 幼苗假植

母株抽生的匍匐茎(子苗),其质量优劣直接影响果实的产量和品质。为了提高子苗的质量,可采用假植方法。即把生长一定时期的子苗,移栽到专门的苗圃或营养钵内,进行假植。假植的好处是:挖苗移栽时断根,可抑制根系对氮素的吸收,有利于花芽分化。假植苗萌发新根较多,定植后缓苗快,成活率高。苗圃的水、肥条件好,并易于控制,能培育出优质的秧苗。进行营养钵假植,通常采用口径为 12 厘米的黑色塑料钵,钵内盛放专门配制的营养土。这比苗床假植更具优越性,其管理措施相同。

假植时期,因栽培方式不同而有差异,一般为 30～60 天。露地或半促成栽培,可在 8 月下旬以前,选有 2～3 片叶、单株鲜重 8 克左右、白根较多的幼苗,进行假植。促成栽培、高山育苗和盆钵育苗,可在 7 月中旬起苗假植。

假植时,可将草莓幼苗放在 70％甲基硫菌灵可湿性粉剂 300 倍液中蘸一下根。假植期间,如气温高,则需采取遮光措施。假植头 5 天内,每天浇小水 1～2 次。幼苗成活后,揭去遮阴物。假植期间,需及时防治病虫和消除杂草。幼苗定植时,应摘除老叶,保留 4 片新叶。

7. 栽植时期

草莓的栽植时期,因地而异。要根据作物的茬口、秧苗生长状况、温度和湿度的高低,以及栽植后秧苗是否有充分的生长发育时期等因素,进行综合考虑。生产上,一般在秋季栽植,因秋栽时间长,有大量当年生匍匐茎苗供应;而且此时土壤墒情好,空气湿度大,栽后缓苗期短,成活率高。栽植时气温过高,会影响成活,以气温在 15℃～20℃为宜。在黄河故道地区和关中地区,适宜的定植期在 8 月下旬至 9 月上旬;在河北、山东和辽南地区,适宜定植期在 8 月中下旬;在沪、杭一带,适宜定植期在 10 月上中旬。

要掌握适期偏早的原则。栽植晚,虽然成活率仍高,但缩短了生育期,越冬前不能形成壮苗,影响翌年的产量。春季栽植,成活率比较高,在北方地区省去了越冬防寒的措施。但春栽利用冬贮苗或春季移栽苗,根系容易受损伤,单株产量比秋栽苗要低。栽植时间,应安排在土壤化冻时。采用冷藏苗,栽植时期可根据计划采收期,向前推 60 天左右。

8. 栽植方式

应根据栽植后对匍匐茎处理方法的不同,而采取不同的栽植方式。

(1) 定株栽植 按一定株行距栽植,在果实成熟前随时将长出的匍匐茎摘除,以集中养分,提高产量与品质。采收后,保留老株,除去长出的匍匐茎。翌年结果后,保留匍匐茎苗,疏去母株,按固定株行距留健壮的新匍匐茎。这样就地更新,换苗不换地,产量较稳定。

(2) 地毯式栽植 定植时,按较大株行距栽种,让植株上长出的匍匐茎在株行间扎根生长,直到均匀地布满整个园地,形成地毯状。也可让匍匐茎在规定的范围内扎根生长,将延伸到行外的一律去除,形成带状地毯。在秧苗不足、劳力少的情况下,可采用这种栽植法。第一年由于草莓苗数量不足而产量较低,但翌年即可获得高产。

垄栽时大多数在垄台上栽植,以适应地膜覆盖。也有栽在垄沟内的,如山东省烟台市一些地方的农民,在垄沟栽苗,垄台上行走。在生长期利用垄沟灌溉时,将肥料随水施入。在春季或秋季,破垄施入农家肥。

9. 栽植方法

(1) 栽植密度 株行距要根据栽植制度、栽植方式、土壤肥力和品种特性等决定。一年一栽制株行距宜小;多年一栽制应适当加大株行距。株型小的品种如戈雷拉,栽植密度可增大。一般宽1.2~1.5米的平畦,每畦栽 4~6 行,行距 20~25 厘米,株距 15~20 厘米。垄栽时,北方地区采用低垄种植,垄高 15 厘米、宽 50~55 厘米,垄沟宽 20~25 厘米,株行距与畦栽基本相同,或株距适当减小。每 667 米² 草莓的株数,应掌握在 1 万株左右。保护地的栽植密度,可适当缩小。

(2)栽植方向 栽苗时,应注意草莓苗弓形新茎的方向。草莓的花序从新茎上伸出有一定的规律性。通常植株新茎略呈弓形,而花序是从弓背方向伸出。为了便于垫果和采收,应使每株抽出的花序均在同一方向。因此,栽苗时应将新茎的弓背朝固定的方向。平畦栽植时,边行植株花序方向应朝向畦里,避免花序伸到畦埂上影响作业(图4)。

图 4　草莓花序抽生方向

(3)栽植深度 合适的栽植深度,是草莓栽植后成活的关键。栽植过深,苗心被土埋住,易造成秧苗腐烂;栽植过浅,根茎外露,不易产生新根,会引起秧苗干枯死亡。合理的深度是使苗心的茎部与地面平齐。如畦面不平或土壤过暄,灌水后易造成秧苗被冲或淤心现象,而降低成活率。因此,栽植前要特别注意整地质量,栽植时应做到"深不埋心,浅不露根"(图5)。

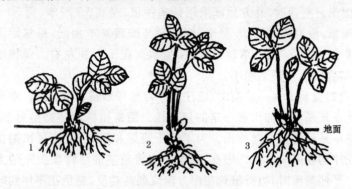

图5 草莓栽植深度
1. 正确 2. 过深 3. 过浅

(4)操作方法 栽植草莓时,先把土挖开,将秧苗根舒展地置于穴内,然后填入细土,并轻轻提一下苗,压实,使根系与土紧密结合。栽后立即灌1次定根水。灌水后,如果出现露根或淤心的植株,以及不符合花序预定伸出方向的植株,均应及时进行调整或重新栽植。对漏栽的应及时补苗,以保证全苗和达到栽植的高质量。

10. 提高栽植成活率的措施

提高草莓栽植成活率,保证全苗,是获得高产的基础。生产上可采取以下措施。

(1)药物处理 定植前,对秧苗根系进行药物处理,能促进生根和生长。用5~10毫克/升萘乙酸或萘乙酸钠溶液,浸根2~6小时,可促进生长,增加产量,效果显著。

(2)剪除枯老叶和黑根 定植前,剪除秧苗部分老叶和黑色老根,以减少叶面积,减少植株水分蒸腾,并可促使抽发新根。

(3)在阴雨天或早晚栽植 在阴雨天栽植,能避免阳光暴晒。因为这时空气湿度大,叶片蒸发量小,故能加快缓苗,提高成活率。但雨水过多或遇暴雨,则应及时排水,防止水淹、淤心或受涝死亡。晴天栽植,可在早晨或傍晚进行。

(4)遮阴覆盖 栽后如遇晴天烈日,在补充水分的同时,可采用遮阴措施,如用苇帘、塑料纱和带叶的细枝条覆盖,有条件的可以采用塑料遮阳网、绿色或银灰色塑料薄膜,扣罩成临时小棚。但成活缓苗后,要及时晾苗,注意通风,以免突然撤除遮阴物时灼伤幼苗。3～4 天后,方可撤棚。

(5)及时灌水 秧苗定植后,应立即灌透水。为保持土壤湿润并起降温作用,定植后 3 天内每天灌 1 次小水。经过 4～5 天后,改为 2～3 天灌 1 次小水,但也要防止过湿,造成通气不良,影响根系呼吸,导致沤根及烂苗,影响秧苗的成活和生长。定植成活后,可适当晾苗。但刚成活的幼苗仍不耐干旱,还要注意适时灌水,促进生长。

(6)带土移栽 近距离栽植,可带土坨移栽,以缩短缓苗期,提高成活率。带土移栽,对于秧苗资源不足,灌溉条件较差,土壤较黏或偏酸偏碱的地方,是提高成活率的有效措施。

(二)管理技术

1. 追 肥

由于栽植前已施入大量优质农家肥,因此栽后当年或翌年可不施或少施追肥。基肥不足时,应进行 3 次追肥。第一次追肥在花芽分化后,黄河故道地区在 10 月中旬,这时植株和根系生长仍较旺盛,增施 1 次氮肥,不仅能促进植株营养生长,而且能增加顶花序的花朵数量。但在花芽分化前,应停止施用氮肥,控制灌水,进行蹲苗。使幼苗充实,提高植株体内的碳氮比率,以促进花芽分化。第二次追肥在开花前施入。云南农业大学园艺系研究得出结论,草莓生殖器官对养分的竞争能力较弱,因此在开花前后追肥,是保证草莓优质高产的重要措施。据在苏州市调查,花期前后叶面喷施 0.3％尿素或磷酸二氢钾溶液 3～4 次,可提高坐果率8％～19％,增加单果重和改善果实品质。西北农业大学的试验表明,在草莓初花期和盛花期喷 0.2％硫酸钙＋0.05％硫酸锰(体积比 1∶1)肥液,比喷清水(对照)增产 14％～42％,还可使细胞变长,排列紧密,提高果实贮藏性能。第三次追肥在采收后施入,以保证植株健壮生长,促进花芽分化,提高植株的越冬能力。多年一栽制或结果后要求抽生匍匐茎扩大繁殖秧苗时,第三次追肥绝不可少。这次可开沟施肥。前两次追肥,宜用叶面喷施法进行。

草莓的需肥量比木本果树的要多。镇江市农科所用计算机建立施肥模型,并进行田间验证,两者结果吻合。其具体的模式为氮∶磷∶钾＝1∶1.26∶0.74。台湾的草莓施肥方式为磷肥全部作基肥,氮肥和钾肥的一半作基肥,另一半作追肥。保护地栽培施肥量要加大。

多年来,一些单位的试验表明,对草莓喷施含量为 38％的硝酸盐稀土(商品名"常乐益植素")液,有良好效果,一般可增产10％以上,其维生素 C 和糖度及游离氨基酸含量,都有增加趋势。另据报道,在草莓末花期和幼果迅速膨大期,喷施 7～10 毫克/升钛肥液,有使草莓增产、提高品质和促进着色的作用。

2. 灌 水

草莓对水分要求较高,栽植后在叶面喷水可明显提高成活率。追肥应与灌水结合进行。3～6 月份,北方地区干旱多风,蒸发量大,直至采收,需要多次灌水。3月中下旬,草莓开始萌芽和展叶,应进行灌水,灌水量不宜过多,以免降低地温,影响根系生长。草莓在开花期至浆果成熟期缺水,会影响浆果膨大和产量。这一时期,至少需灌水 2～3 次。4 月中旬,叶片大量发生,草莓进入开花期,需水较多。4 月下旬至 5 月上旬,是草莓盛花期和果实膨大期,是草莓全年生长过程中需水最多的时期。5 月中下旬,草莓成熟采收,开花晚的也处在果实膨大期,如遇天旱,可适量灌水。

但是,草莓从开花至成熟期如水分过多,又会引起果实变软,不利于贮运,还会导致灰霉病的发生和蔓延。草莓采收后,多年一栽制园地,在割除老叶后,应立即灌水,以促使植株生长和匍匐茎繁殖。这次灌水应结合施肥。雨季则应注意排水。南方如遇雨水过多,要注意清理田沟或垄沟,挖去淤泥,保持沟渠相通,做到雨停田干。

灌水方法,垄栽的可直接在垄沟内灌水。果实成熟期可采用隔行灌水,以防止土壤过湿,踩踏后易板结。平畦栽植的按畦漫灌。有条件的地区可采用滴灌,能节省用水量 30％左右,还能避免浆果沾上泥土,减少浆果腐烂,并提高商品果率 20％以上。

3. 越冬防寒

草莓根系能耐－8℃的地温和短时间－10℃的气温。如果温度再下降,就会发生严重冻害,直至植株死亡。为了防寒保墒,在北方地区栽培草莓,越冬需要覆盖防寒物。在覆盖防寒物前,要先灌 1 次封冻水,这次水一定要灌足、灌透。灌封冻水的时间,应在土壤将要进入结冻期。如在辽宁兴城地区,大约在 11 月初。灌后 1 周左右进行地面覆盖。覆盖材料可因地制宜,可使用各种作物秸秆、腐熟马粪、细碎圈肥、软草和树叶等。覆盖厚度,以能盖严植株为度。近年来,采用地膜覆盖,膜上面再加覆盖物,已收到良好效果。对于覆盖物,应在翌年春季土壤解冻之前撤去,以便于阳光直接照射地面,促使地温回升,植株早发。

据黑龙江省浆果研究所试验,在冬季长、气候寒冷干燥与有积雪的黑龙江省,越冬前在露地草莓植株上直接覆盖10厘米厚麦秸或茅草,其上再覆盖塑料薄膜的方法,比先盖薄膜后覆麦秸的方法,草莓越冬效果要好。其原因是,麦秸上有塑料薄膜,使地面与塑料之间形成一个静止的空间层,既阻止了热的传导,防止了冷暖空气的对流,又可反射早春阳光,避免地表温度骤然变化。需要注意的是,春季撤除防寒覆盖物必须及时,不然会延迟草莓生长发育的物候期。由于早春气温不稳定,为了避免气温波动大时,草莓遭受冷空气的侵袭,撤除覆盖物应分次进行,待气温比较稳定后,再全部撤除。

防寒的其他措施,还有架设风障,定植组培苗,选用抗寒性强的品种,如索非亚、盛冈-16品种等。此外,越冬前喷800～1 200毫克/升矮壮素2次,也能提高植株的抗寒能力。

4. 春季防霜

草莓植株矮小,对霜冻敏感。刚伸出未展开的幼叶受冻后,叶尖与叶缘会变黑。正开放的花受害较重,通常雌蕊完全受冻,花的中心变黑,不能发育成果实。受害轻时,只部分雌蕊受冻变色,以后发育成畸形果。幼果受冻呈油渍状。在-1℃时,植株受害极轻,达-3℃时,受害重。如低温持续几小时,又正值花期,则受害重,产量损失较大。因早开花的果实最大,霜冻往往引起早期大型果受损失。草莓花期易受晚霜危害的地区,要做好预防工作。如选在通风良好地点栽种草莓,延迟撤除防寒覆盖物,以使花期推迟。同时,还可以采用抗霜冻品种,有条件地区可采用熏烟、喷灌等措施防止霜害的发生。

此外,在南方地区种植草莓,如遇持续高温和伏旱,草莓会出现萎蔫甚至干枯。所以,保护草莓安全越夏,是当地生产上的重要问题。防止高温危害的措施是:保持土壤湿润,草莓在幼龄果园内实行间作,或在草莓行内播种高秆作物,实行一年一倒茬和选用耐高温的品种。

5. 间 苗

间苗,限于多年一栽制草莓园应用。在初秋,按定植时的行株距,每窝留苗 1 墩,把多余的苗丛全部挖除。留下最好的健壮匍匐茎苗。挖苗后,随即深锄一遍,每 667 米^2 再施入三元复合肥 25～50 千克,并结合培土将垄畦整平。只有在重间苗和补充肥料的情况下,才能保持较高产量。

6. 摘除匍匐茎

不作繁殖材料的匍匐茎,消耗母株营养,如不及时摘除,就会影响产量,并降低植株的越冬能力。以收获浆果为目的的植株,应随时摘除匍匐茎。在繁殖圃里,母株后期发生的匍匐茎以及早期形成的匍匐茎苗和延伸的匍匐茎,也都要及时摘除。因为匍匐茎苗布满整个圃地后,后期抽生或延伸的匍匐茎就无处扎根,从而悬空生长。这不但消耗母株养分,还会使早期已扎根的匍匐茎苗及母株的生长受到严重的影响。因此,及时摘除不必要的匍匐茎,是生产上的一项重要管理措施。

7. 疏花疏果

每株草莓一般有 2～3 个花序,每个花序可着生 3～30 朵花。高级次的花开得晚,往往不孕而成为无效花,有的即使能形成果实,也由于果实太小,无采收价值而成为无效果。所以,在开花前的花蕾分离期,最迟不能晚于第一朵花开放的时间,把高级次的花蕾适量疏除,可使养分集中,保证留下的花朵着果整齐,果个增大,果实品质提高,并且成熟期集中,节省采收用工。

疏果是在幼果青色时期,及时疏去畸形果和病虫果。疏果是疏花蕾的补充,可使果形整齐,提高商品果率。

8. 去除老叶与弱芽

草莓在一年中叶片不断更新。当生长季节发现植株下部叶片呈水平着生,并开始变黄,叶柄基部也开始变色时,说明老叶已失去光合作用的功能,应及时把它从叶柄基部去除。特别是越冬老叶,常有病原体寄生,在长出新叶后应及早把它除去,并可将植株上生长弱的侧芽也及时疏去,以利于通风透光,加速植株生长。发现病叶,也应把它摘除。

浆果采收后,还要割除地上部分的老叶,只保留植株上刚显露的幼叶,每株只留 2~3 片复叶。这一措施可减少匍匐茎的发生,刺激多发新茎,从而增加花芽数量,达到翌年增产的效果。此外,对于病害较严重的园地来说,割叶后可减少病害的发生。

为了避免多项田间管理工作频繁在园中作业,造成土壤板结,摘除老叶、病叶、疏芽和摘匍匐茎等工作,应尽可能结合起来进行。

9. 果实垫草

草莓开花后,随着果实的增大,花序逐渐下垂,以至触及地面,易被泥土污染,影响果实着色与品质,又易引起腐烂。故对不采用地膜覆盖栽培的草莓园,应在开花 2~3 周后,在草莓株丛间铺草,垫于果实下面。或用切成 15 厘米左右长的麦秸围成草圈,将 2~3 个花序上的果实放在草圈上。每 667 米² 需用碎稻草或麦秸 100~150 千克。垫果有利于提高果实的商品等级,对防止灰霉病也有一定的效果。

10. 培　土

草莓植株新根的发生部位,具有随着新茎生长部位升高而逐年上移的特点。母株根状茎上移,使须根暴露在地面,影响植株生长发育和对养分的吸收,严重的甚至导致植株干枯死亡。故多年一栽制的草莓园,应在果实采收后,结合中耕除草进行培土,以利于新根的发生。这一工作在初秋新根大量发生之前,必须完成。培土高度以露出苗心为标准。一年一栽制草莓园不进行培土。

11. 植物生长调节剂的应用

(1)赤霉素 对草莓喷施 10 毫克/升赤霉素,可抑制休眠,提早成熟。相同浓度的赤霉素,在草莓生长前期喷施 2 次,可增加匍匐茎的发生量。据西北农业大学试验,对草莓在开花期和坐果期喷施 100 毫克/升赤霉素,能提高产量,增加糖度和耐受性。在国外的草莓生产中,也喷施赤霉素,用以促使花序形成,诱发单性果实发育,减轻因授粉不良所造成的损失,并使浆果提前上市。

(2)多效唑(PP$_{333}$) 多效唑是一种生长抑制剂。用它喷施草莓,其作用是抑制匍匐茎的发生和植株的营养生长,促进生殖生长。若施用浓度和时期适当,有明显的增产效果,还可节省人工摘除匍匐茎的劳力。据山东省烟台农校试验,多效唑的使用浓度以 250 毫克/升较适宜,施用时期为匍匐茎发生的早期。但若施用不当,抑制过度,则会造成减产。因施用多效唑而使生长受抑制的植株,喷施 20 毫克/升赤霉素,1 周后可解除抑制作用。

国内使用的其他生长调节剂,还有萘乙酸(NAA)和青鲜素(MH)等。我国台湾省南部在草莓采收中期,因营养生长日趋旺盛,需要人工摘除部分叶片,否则影响结果。当地对叶部喷施一种"蒸散抑制剂",可免除摘叶,不影响产量和品质,并可减少红蜘蛛的危害。

国外还使用乙烯诱导草莓浆果集中成熟,以便于机械采收。

12. 清园更新和土壤消毒

一年一栽制草莓园收获后,可直接把茎叶耕翻入土,作为后茬绿肥。每 667 米^2 草莓鲜茎叶为 500 千克左右,鲜茎叶含氮量为

0.59%,相当 667 米² 施纯氮 2.95 千克。此外,还含有磷、钾等其他营养元素。在江苏省句容市,草莓收获后翻压茎叶种水稻,比稻—麦轮作的水稻产量增加 10%左右。

多年一栽制园地,由于地力消耗大,病虫多,杂草发生量大,故应把草莓茎叶集中烧毁。如换种旱作,耕地时把土壤中的草莓根段全部捡净,播种前最好进行土壤消毒,以消灭病虫原和杂草源。

简易的土壤消毒,可采用太阳能高温消毒法。即在土壤耕翻后,把地块做成弓背形的长垄,垄宽根据塑料薄膜的宽度决定,利用夏季气温高、光照强的条件,垄上覆盖薄膜后,太阳辐射能可使地表地温升高至 60℃以上,经 3~4 周后,即达到高温消毒的目的。药剂消毒,可用 70%甲基硫菌灵可湿性粉剂 1 000 倍液喷洒地面,然后耕翻,以杀死土壤中的病菌。

(三)草莓与其他作物的间作、套种和轮作

合理的间作、套种和轮作制度,应符合以下要求:一是不同作物共生期间的生长发育互不影响;二是充分利用土地和空间,能保护生态环境;三是有利于培肥地力,不会增加后作的病虫危害而影响产量和品质;四是投资少,成本低,管理方便,经济效益高。草莓与其他作物之间的间作、套种与轮作形式,主要有以下几种。

1. 在木本果园间作草莓

在木本果园,如在苹果、梨与柑橘等果园行间栽种草莓。这种形式很普遍,其好处是管理容易,无争劳力矛盾,能达到以短养长的目的,效益高。木本果树有遮阴降温作用,这有利于减轻高温季节酷热对草莓幼苗生长的抑制。间作草莓时,一定要充分留出果树的清耕面积,并按照各自的栽培要求加强管理。果树进入结果期后,应停止间作。此外,草莓也可在桑园中间作。但不宜在桃园中间

作,因桃蚜可传播草莓病害,草莓黑霉病也危害桃树。桃树的根系较浅,分布面广,呈圆盘状。桃的发枝量大,物候期早,花期与草莓有一定交错,两者的肥水需求高峰期和管理,也有一定矛盾和影响。

2. 草莓与葡萄间作

主要在1～4年生的幼龄葡萄园间作草莓。两种作物,其果实都是生长周期短的浆果,栽种时期基本相同,草莓翌年即可收获,葡萄盛花前草莓已采收完,两者生育期错开,有利于合理安排劳力。葡萄根系深广,草莓根浅,需氮时期和吸肥层次不同。葡萄修剪较重,且发芽较晚,不影响草莓通风透光。草莓又具一定的耐阴性,栽植密度可与露地相同。但草莓宜在篱架葡萄园的行间间作。棚架葡萄园由于遮光严重,且管理不便,故不适宜间作草莓。春香、达娜等草莓品种,不耐高温暴晒,在葡萄园内间作更为适应。

江苏镇江等地的农民,在1～2年生巨峰葡萄园内间作草莓,采用以下方法:一是3月下旬定植葡萄苗,4月中旬在行间栽植草莓繁殖母株。当年每667米²可繁殖匍匐茎苗5万株左右。二是进行草莓以采果为目的间作时,10月下旬对葡萄施肥后,在行间深翻土壤,培土起高垄(15～20厘米),垄宽1米,栽2行草莓。11月下旬除草追肥后,覆盖地膜。翌年2月中旬,把植株提出膜外,5月初开始采收。三是葡萄管理,重点抓好留蔓与抹芽定枝,及时绑缚新梢,除去副梢和卷须,避免枝叶郁闭,改善通风透光条件,对结果新梢及时摘心,以确保坐果和树体健壮。四是草莓管理,力争早栽、早发、早熟,及时防治病虫害,追肥做到少而勤,促进营养生长,夺取优质高产。据当地试验,间作草莓的产量与不间作区无明显差异,葡萄产量反而有增加趋势,只是草莓繁苗区的葡萄产量比不间作区约低11%。

葡萄园间作草莓,也可进行保护地促成或半促成栽培。从上海宝山区示范果园2年的试验情况看出,与露地比较,葡萄成熟期提前 18 天,草莓成熟期提前 3 个月,两者的产量和产值都有大幅度增加,经济效益十分显著。

3. 草莓—水稻轮作

在水稻产区,这种轮作形式很普遍。如河南省信阳等地,在水稻收割后,于 9 月上中旬整田做畦,畦宽 150~200 厘米、高 20 厘米,畦距 30 厘米,草莓株、行距为 15 厘米×30 厘米,每 667 米² 栽 13 000 株。栽植草莓时,每 667 米² 施碳酸铵和钙镁磷肥各 40 千克。草莓采收后,把植株翻入田内作绿肥,灌水沤制 7 天后,再整田插秧。据信阳农技站的 4 年试验结果,草莓—水稻轮作田平均每 667 米² 产草莓 842 千克,比纯草莓地的 910 千克产量稍低,但多收水稻 453 千克。与当地传统的水稻—小麦轮作形式比较,每 667 米² 产值平均增加 2 000 元以上。这种水旱轮作方式,能改变土壤微生物环境,可有效抑制病虫害的发生,水分还可淋洗一部分有害盐分和根系分泌物。

此外,在四川的内江、宜宾及贵州的习水、凯里等地,生产上还采用草莓—中稻—甘薯轮作形式。

4. 草莓—西瓜—晚稻间套种

浙江省宁海等地采用的这种一年三熟制的栽培模式,平均每 667 米² 产草莓 658 千克、西瓜 1 580 千克、晚稻 512 千克。比传统的小麦—早稻—晚稻种植制度,净收入增加 299.8%。其主要技术如下。

(1)抓住季节,合理安排茬口 草莓于 10 月中旬,最晚在 11 月中旬前栽植,翌年 4 月上旬开始采果,5 月下旬结束。西瓜于 4 月上旬育苗,5 月上旬套种入草莓行间,7 月中下旬收获。晚稻于 7 月下旬移栽,10 月中旬收割。

(2)精细整地,适当留苗 草莓套种地做成弓形高畦,畦宽

120 厘米,畦沟宽 30 厘米,沟深 25 厘米。草莓行距 40 厘米,株距 20 厘米,每 667 米² 栽假植苗 5 400 株。留行 60 厘米套种西瓜,每 667 米² 种 222 株。晚稻栽植密度为 19.9 厘米×16.7 厘米,每 667 米² 栽 2 万丛。

(3) 选用良种 草莓品种为宝交早生。西瓜采用抗病、丰产与瓜型大的杂交西瓜寿山品种,全生育期约 110 天。晚稻选用杂交籼稻协优 46。

(4) 合理施肥 草莓重施基肥,增施磷、钾肥,看苗追肥。第一次追肥在 12 月上旬,第二次在顶果开始采摘时,第三次在采果盛期,喷施 0.3％尿素溶液,追肥结合灌水。西瓜按每收获 50 千克,施纯氮 92 克、五氧化二磷 19.5 克、氧化钾 99 克计算,其中农家肥占施肥量的一半。水稻施肥以农家肥为主,每 667 米² 不少于 2 500 千克。肥料分配为基肥占 50％,苗肥占 15％,拔节肥占 10％,穗肥占 25％。

(5) 加强田间管理 在这种三熟制间套作模式中,对草莓要注意越冬保苗,12 月下旬覆盖地膜;对水稻,要防止死苗,促进分蘖;对西瓜,有八九成熟时即采收,以不误农时为准。还应及时防治病虫害。西瓜,重点防治炭疽病和枯萎病;草莓,主要是防治灰霉病;水稻,进行常规病虫防治。

5. 草莓—棉花套种

苏、豫、川等省的棉区,都有这种套作形式。江苏省如东县采用的草莓—棉花套种技术如下。

草莓宜选植株较矮的早熟品种,棉花采用株型中等、抗病性强的丰产品种,如盐棉 48。栽植畦宽度为 1～1.2 米,畦沟宽 25 厘米,畦的两边各栽 1 行草莓。畦中间套种 2 行棉花。棉花行距为 35 厘米,草莓与棉花之间的行距为 25 厘米。每 667 米² 栽草莓约 6 000 株、棉花 4 000 株。11 月上旬拔去棉秆,施肥整地后栽植草莓。翌年 2 月上中旬覆盖地膜,3 月上旬把草莓植株提出膜外。在草莓初花期要适度追肥。5 月上旬采果前,把棉花营养钵苗移栽至草莓行间,并施稀粪水。5 月下旬,草莓收获后除去地上部植株,将根茬留在土内作肥料,并用原来覆盖草莓的地膜覆盖棉苗。草莓与棉花的田间管理与大田相同。此法每 667 米^2 收皮棉 70 千克左右、草莓 400~500 千克,比小麦棉花套种净收入增加 500 元以上。但是,棉花黄萎病菌也能侵染草莓,故在黄萎病高发区,草莓不宜与棉花套种。

6. 在草莓繁殖圃套种玉米和春大豆

在长江流域,草莓繁殖圃一般于 4 月下旬定植。垄宽 3~4 米,在垄两边各栽 1 行草莓。当年 7 月初,匍匐茎在垄面的覆盖度仅占 40% 左右,至 9 月份才延伸至垄中间。故母株定植后,可在垄间 2~2.5 米范围内,间种大豆和玉米。玉米遮阴,能减轻烈日对匍匐茎的灼伤。当匍匐茎延伸至大豆行株间时,已可采收青豆荚,随即拔除大豆株。这时,嫩玉米也可收获。到 7 月中下旬,黄熟大豆可收完。8 月上旬,黄熟玉米也采收完,这种间套方式繁殖圃,每 667 米^2 可多收青豆荚 150 多千克、嫩玉米 250 千克。

另一种套种方式是,在行、株距为 80 厘米×30 厘米的夏玉米地里,于 8 月中下旬在玉米行间栽种 2 行草莓。玉米收后,草莓才开始旺盛生长,两者互不影响。

此外,草莓还可与多种蔬菜进行间作和套种。如在草莓行间于冬季间套菠菜、大蒜(收青苗)和甘蓝等。草莓也可与豆菽类和葱等间作,但不宜与茄科植物,如番茄、茄子、辣椒和烟草等间作,因为这些作物有共生的黄萎病。草莓灰霉病也危害黄瓜、莴苣和辣椒等作物,这些作物也不宜与草莓轮作。因此,草莓的轮作、间作和套种,应合理实施,年限要缩短,还要加强管理和注意病虫害的防治。

六、草莓保护地栽培技术

"保护地栽培"这一名词是引用日本的术语,日本把草莓列入蔬菜类。保护地栽培的原意是指:在寒冷的冬春季节,露地不能生长蔬菜时,利用风障、阳畦、温床、塑料大棚和温室等防寒保温设施进行栽培,可以达到早熟、丰产与延长供应期的目的。它是冬春寒冷地区蔬菜栽培的重要方式。

草莓保护地促成栽培,是根据对草莓生理生态特性的研究,利用其生长周期短、植株矮小和生长发育容易控制的特点,将孕育了花芽的草莓壮苗,在地膜覆盖栽培的基础上,加设塑料小拱棚或大棚,或直接在温室内栽培,并在大棚内采用促成或半促成等措施,如增温、补光、加大施肥量、赤霉素处理等,从而使草莓浆果的收获期大大提前,供应期可延长半年以上,为草莓周年供应奠定了基础。

草莓保护地栽培,具有取材容易、投资少、操作简便、产量高、经济效益好等特点。每667米^{2}产量一般在1 200千克左右,高产的可超过1 500千克,比露地栽培高出约1倍。由于能够防止果面污染,故果实商品价值高。采取不同的保护地栽培措施,收果期可提早1~7周,因而上市早,价格高,能调节市场供应,还可缓和露地栽培时采收期过于集中,所造成的劳力紧张与运输困难。

保护地栽培,因其栽培目的和应用的技术措施不同,可分为促成栽培和半促成栽培。前者的栽培特点,主要是促进花芽的形成,后者则采取打破休眠,促使提前苏醒,开始正常生育的措施。草莓保护地栽培的各种方式如下。

（一）地膜覆盖栽培

北方栽培草莓，冬季需要防寒，利用地膜覆盖技术可使植株安全越冬，绿叶保存率高，这为春季提前萌芽和健壮生长奠定基础。地膜覆盖栽培草莓，其采收期比露地提前1周左右，采收持续期延长3～4天，早期果比例显著增加，总产量增加20％左右，产值增加的幅度更大。果实品质好，还减轻了灰霉病的发生。每667米²纯收入比露地栽培增加200元以上，经济效益十分显著。

地膜覆盖栽培，实际上是一种护根节水的栽培方法。品种选择、栽植方法、田间管理和病虫害防治等措施，都与露地栽培相同。草莓地膜覆盖栽培的技术要点如下。

1. 地膜品种选择

可供选择的地膜品种有以下几种：一是无色透明膜。其厚度为0.08～0.15毫米，升温效果好，适于北方冷凉地区使用。二是黑色地膜。具有良好的除草效果，也有升温作用，使地温比较稳定，适于越冬不需防寒的温暖地区使用，在国外普遍采用黑色地膜。三是银灰色地膜。其特点是可以反射紫外光，能驱避蚜虫。在夏秋季高温期覆盖，具有防蚜、防病与抗热的效果。四是黑白双面地膜。覆盖时白色面向上，黑色面向下。具有增加近地面反射光、灭草、保湿和在高温季节降低地温、保护根系的功能。五是降解地膜。其作用与无色透明膜相同，但覆盖到一定时期，会自行粉碎降解，可以不用清除废膜。目前降解地膜尚处于试验阶段。其他还有抑制杂草生长的绿色膜和能杀死杂草幼苗的除草膜等。除草膜由于母料中加入除草剂的种类不同，使用时有严格的选择性，存放期也不能超过半年。如果使用不当，不但不能除草，还会使作物受药害。使用面较广的还有银色反光膜（简称银膜），具有保湿、防寒遮阴、反光、驱蚜和抑草等作用。1982 年中国农业科学院果树研究所对覆盖反光银膜的红星苹果调查,比不覆膜的树,着色指数提高 33.4%,单果重增加 10 克以上,含糖量高,果实风味好,口感甜味浓,虫果率很低,商品果一般可提高一个等级。

2. 覆膜时期

一般有 2 个覆膜时期,即秋季栽后越冬前或早春萌芽前。在寒冷地区,以越冬前覆盖更有利,一般在日平均温度为 3℃～5℃时进行。覆膜过早,易出现沤叶现象,使叶片变色;覆膜过晚,草莓植株易受冻害。在辽宁省西部地区,11 月中旬覆膜,覆膜前先灌封冻水。在河北省中部,11 月下旬覆膜。覆膜前,先灌封冻水,待水渗下后即覆膜。在暖和地区,覆膜时间可适当延后。春季覆膜应在土壤开始化冻时,除去防寒物后进行。

3. 覆膜方法

覆膜前,应把草莓苗的枯叶、黄叶及病虫叶清除掉,把枯枝残茬剔除干净,打碎土坷垃,平整地面,做成畦(垄),畦面喷 1 次 50%腐霉利可湿性粉剂 800 倍液,或撒施 25%多菌灵可湿性粉剂,以防发生灰霉病。然后选择无风天,顺行把地膜覆盖在草莓植株上,在地膜周围用土压严,并使膜面伸展不卷。如畦面过长,可间隔适当距离,做横向压土使地膜紧贴地面,不致被风刮起而撕破。在寒冷地区,覆盖地膜后,再在上面覆盖一些作物秸秆,以保温并起到护膜作用。草莓垄栽时,垄面应略呈弓形,可使薄膜与土壤贴紧。

4. 破膜或撤膜

春季土壤消冻时,先除去膜上覆盖物,把膜面清扫干净,以使地温加快回升,草莓提早萌发。破膜时间在草莓展叶至现蕾期。其操作方法是把对正植株处的地膜扯一个小孔,再把草莓植株拉出膜外,植株基部用土盖住,以防空气进入膜内形成鼓包。直到果实采收后,才全部除去地膜。这样使用地膜,既能在冬季和早春起到防寒保温作用,又能使果实保持清洁,减少腐烂,促使果实提早成熟。破膜时间过早,不利于草莓植株生长,草莓植株也易受晚霜危害;破膜过晚,膜下高温会灼伤新叶,也会使越冬老叶干枯,影响光合作用的进行。

在草莓越冬不需防寒的地区,覆膜后可直接把草莓植株由膜孔提出膜外,也可先盖膜后栽草莓苗。当草莓进入初花期后,即可揭膜。揭下的膜,还可用作其他作物覆盖,做到一膜两用。

5. 肥水管理

覆膜后,如发现膜面破损,要及时用土盖住。现蕾后,结合灌水进行施肥。其方法是在膜上打孔,孔径为 2～3 厘米,孔深 5 厘米,然后把肥料施入孔内。施肥孔与草莓植株有一定距离,不是在苗下。一般每 667 米^2 施尿素 10 千克,或三元复合肥 20 千克。此外,从展叶至初花期,对叶面喷施 0.2% 磷酸二氢钾液 2 次,盛花期喷施 0.3% 硼砂液 1 次。现蕾、初花、盛花末期及果实成熟前,各灌水 1 次。连续下雨天应注意排水。

6. 清除残膜

草莓采收后,应及时除去残膜。对于土壤中的破损膜块和地膜碎片,也应全部清除干净。因为残膜会污染土壤,甚至影响下一茬作物的播种质量。

(二)小拱棚早熟栽培

1. 小拱棚的结构

小拱棚结构简单,取材容易,搭盖方便,易于推广应用。小拱棚可采用竹木或钢筋作架材,按畦长方向每隔 0.6~1 米插一根拱架,拱架两侧和中间有拉杆加固棚体。棚内每 3 米设一立柱。对立柱与拱架接触处,用塑料绳捆绑连接牢靠。小拱棚一般棚高 0.8~1 米、宽 1.5~1.8 米、长 10~20 米。过长不利于通风换气。每 10 米要设 1 个通风口。棚架上覆盖 0.06~0.1 毫米厚的聚乙烯透明薄膜。将薄膜四周卷好,埋入土中盖严。为防春季大风卷棚,棚上应拉多道绳索将膜压住。在夜间,为了防寒保温,可在棚上加盖草苫或草包。拱棚内的栽植畦,宽度一般为 1.3~1.4 米,每畦栽植 4 行草莓,株、行距为 20 厘米×30 厘米。

进行小拱棚栽培,可以因地制宜。我国北方地区多采用拱圆形小拱棚;南方地区因雨水多,故一般采用棚面为三角形的双斜面小棚。

2. 定植及扣棚后的管理

小拱棚草莓定植,应在花芽分化以后尽早进行。在花芽分化前或正在分化时定植会伤根,花芽量少。定植过晚,畸形果多。北方寒冷地区,小拱棚草莓在 9 月份定植。定植苗最好是有 5~6 片展开叶、根颈直径为 1~1.5 厘米和苗重 20~30 克的中等苗。

草莓小拱棚的扣棚时期,在北方地区以晚秋扣棚效果好。具体而言,以夜温降至 5℃时进行扣棚为好。在沈阳地区为 10 月中旬;烟台地区在 10 月下旬或 11 月上旬。南方地区,草莓小拱棚的扣棚时间,以春季扣棚效果好。扣棚后,要严格控制棚内温度,夜温控制在 8℃~10℃,白天温度控制在 20℃~25℃。气温升至 28℃时,要及时通风。当夜温稳定在 8℃以上时,即可撤棚。

由于小拱棚容积小,升温快,降温也快,所以通风特别重要。在生产过程中,既要防止高温危害,也要防止发生冻害。扣棚后的其他管理工作,要根据植株生长情况来进行。扣棚后,在现蕾至开花期,是草莓对肥水较敏感的时期。但是,在这段时期棚内地温较低,草莓根系吸收能力差,不宜大量施肥,只可喷施少量液肥,并注意做到小水勤灌。此外,还要清除草莓株行间的杂草,及时防治病虫害。

3. 小拱棚栽培的利与弊

小拱棚加上地膜覆盖,能增加棚温5℃~6℃,并能保持较高的空气和土壤湿度,一般比露地栽培提早15~20天,采收期延长2周左右,产量提高约15%,经济效益明显。小拱棚栽培可采用优良的露地栽培品种,如宝交早生、新明星、石莓1号、硕香、星都2号、全明星和春星等。

但小拱棚的升温效果较差,提前采收和延长采收期的作用有限,而且人员不能在棚内直立作业。因此,有的地区采用中拱棚栽培。中拱棚的面积和空间比小拱棚大,一般跨度为3~6米,高度为1.5~2.3米,人员在棚内可以行走。中拱棚的结构与小拱棚基本相同,但其性能优于小拱棚,除用于草莓的早熟栽培外,还适宜进行草莓的抑制栽培。

(三)塑料大棚半促成栽培

半促成栽培以北方地区应用较普遍,其设施为塑料大棚或日光温室。半促成栽培是把基本通过自然休眠的草莓植株,或以人为措施给草莓植株打破休眠以后,采取保温或增温措施,以促进草莓植株生长和开花结果,使草莓果实在2~4月份采收上市的栽培方法。为防止保温后植株生长过旺,半促成栽培一般将开始保温时期适当提早,即在自然休眠完全打破之前进行。

1. 大棚类型及结构

大棚类型及其结构方式比较多,通常用竹木、钢材制成拱形骨架,其上覆盖塑料薄膜。单栋大棚一般占地 330 米^2 左右,也有两栋以上的连栋大棚。在国内,生产上使用的大棚主要有以下 2 种。

(1)管式组装大棚 定型的产品有 CP-Y 型镀锌薄壁钢管固定装配式大棚,上面有卡槽固定加盖的聚乙烯薄膜。其管架由拱杆、连杆,通过接头、管卡组装而成。其中 Y8-1 型棚高 2.8 米、宽 8 米、长 42 米,占地 336 米^2,配有卷膜机,便于通风透气,调节棚内温湿度。这种棚的优点是装卸方便,抗风雪性能好,使用寿命在 10 年以上,但一次性投资较多。

(2)竹木结构大棚 这种大棚用竹木材料结构而成。大棚跨度为 8～14 米,长不超过 60 米,中心点高度为 2.5 米左右,棚顶呈弧形,以立柱起支撑拱杆和固定作用,横向立柱数以横跨宽度而定,一般 12～14 米设 6～8 排立柱。立柱纵向距离为 2～3 米,最外边两排柱要稍向外倾斜,以增强牢固性。拱杆起保持固定棚形的作用。拉杆起固定立柱、连接整体结构的作用,使棚体不产生位移,连接处用铁丝固定。小支柱用 20 厘米长的木棒制成,顶端做成凹形,用于放置拱杆,下端固定在立柱上(图 6)。

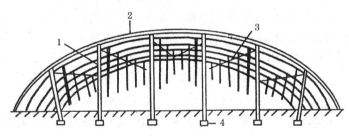

图 6　竹木结构塑料大棚
1. 立柱　2. 拱杆　3. 拉杆　4. 立柱横木

这种大棚取材方便,成本较低;缺点是立柱较多,影响光照,作业不方便,抗风雪能力差,使用年限较短。

为了解决木质立柱容易腐烂的问题,生产上也采用预制水泥柱代替木质立柱。经济条件好的地区则发展钢筋骨架无支柱塑料大棚。

(3)大棚的保温材料 大棚覆膜以聚氯乙烯(PVC)无滴膜为佳。这种膜是在 PVC 原料中加入表面活性剂,可使棚膜内凝聚的水珠顺薄膜内壁下流,不会滴到草莓植株上,可减少病害发生,而且透光率高,保温性能好,棚内湿度低,生产上已普遍应用。

草苫是北方地区应用广泛的防寒材料,宽 1.2~1.5 米,厚 5~8 厘米,用尼龙绳将稻草连成整片。其作用是防止棚内热量散出。在棚膜和草苫之间还要加一层纸被,其大小规格与草苫相似。防水纸被是将牛皮纸和编织袋,用防水胶黏几层成为一片,使用寿命较长。以上保温材料在日光温室上也使用。

2. 大棚半促成栽培的技术要点

(1)打破休眠 休眠有 2 种:一种是草莓生理上的需要,在适于其生长的条件下,到一定时期不生长的现象(植株矮化,叶柄短,叶片小),叫自发休眠。另一种是在自然环境条件不适合其生育的情况下发生的休眠,叫强制休眠。自发休眠是短日照引起的,通过低温而深化。所以,可根据生产需要,采取措施来打破草莓的休眠。一般采取以下 3 种方法打破休眠。

①高山育苗 草莓的高山育苗,是根据高度每上升 100 米,空气温度就要下降 0.6℃这一自然规律,利用高山上的冷凉条件,促使草莓花芽分化的一种育苗方式。选海拔 1 000 米以上、交通方便、有灌水条件和土壤肥沃的地方育苗。分早期育苗和晚期育苗 2 种。前者对促进花芽形成有利,要求用大苗,故需在 7 月上旬前后,采用具有 3~4 片叶、根多的苗进行培植(不用老苗),8 月上中旬把苗移到山上。因为在山上育苗的时间长,所以要增施肥料,加强管理。至 11 月下旬下山后,立即把它定植在已安装好的大棚内。晚期育苗,只是为了满足草莓必需的低温积温量,可在 8 月中

下旬取大苗培育。在 11 月上旬上山,12 月上旬即可下山定植。不过,在较寒冷地区,低温来得早,时间短促,仅靠上山育苗还不足以打破休眠。因此,也有提前下山,接着再进行 1 个月冷藏,然后定植的。

②低温冷藏　应用低温打破休眠的原理是,把需要 5℃ 以下低温积温量 480 小时的中休眠品种宝交早生,放到整天都是低温的冷库里,则只需 20 天就能解除休眠。不同品种要求的低温量是不同的。需要的低温是 0℃±1℃,再高再低都不行,而且不能间断。冷藏苗必须是壮苗,具有 5～6 片展开叶,根颈直径达 1～1.5 厘米,苗重 30～35 克,根群发达。冷藏时,先摘除 2～3 片外叶,只留 3～4 片叶,以减少呼吸。入库前,用水把根土洗净,装入厚 0.02 毫米的聚乙烯塑料袋中,每袋装苗 30 株,压出袋中空气,将袋口折三四个来回,用回形针夹住,然后装入带缝的木箱或硬塑料箱中,一箱装苗 300 株左右。冷藏苗在 11 月中旬入库,12 月中旬定植。定植前 3 天,大棚即开始保温,棚内地温需达 18℃ 左右。有条件的可搞地下加温,如采用管道热水循环法加温,或用电热线加温,但应注意,电热丝容易使土壤干燥,故要及时补充水分。

③人工补光　从覆盖薄膜保温开始,可对草莓采取人工补光措施。光照时间每天应达 16 小时,光源选用 40 瓦日光灯管,吊于栽培床上部 1 米处,每隔 4 米挂 1 个。每日光照时间,自下午 6 时起至夜里 0 时止。光照一开始,就不能中断,必须持续到自然昼长达到 13.5 小时的 3 月份。电照明与加温同时进行,半促成栽培的大棚覆膜时间,在 12 月中旬(比促成栽培迟 10～15 天),棚温保持 15℃～25℃。植株开始发新叶以后,直至开花,棚温要相应提高,但白天不能超过 30℃,超过 30℃ 要换气,夜间不能低于 10℃。温度低时,要采取加温措施(如加扣小拱棚、盖草苫等)。坐果后,白天的温度保持 20℃～25℃,夜温保持在 5℃ 以上即可。温度高,成熟得早,着色快,但果实不能充分长大。在人工补光长日照条件

下,能促进草莓新叶生长,叶柄伸长,叶面积变大,光合作用增强,使输送到花芽去的同化物质增多。所以,在电照明期间,应保证满足草莓生长发育所需养分和水分的供应。

(2)适期定植 确定栽植时期的生态指标,是在草莓花芽分化以后,要尽可能早定植。在大连地区,为8月下旬至9月初定植;关中地区,于9月上中旬定植;苏南地区于9月下旬至10月初定植。采用半高垄栽植,垄宽90~100厘米、高15厘米,每垄栽4行,株距20厘米,每667米^{2}栽8 000株。垄沟底宽30~40厘米,以利于灌水。

(3)适期扣棚 草莓在自然条件下通过休眠,达到满足其低温要求以后,即应开始扣棚保温。扣棚过早,休眠浅,温度尚高,容易生长过旺;扣棚过迟,外界温度低,休眠程度深,即使给予高温条件,植株也难以在短期内恢复正常发育状态,导致结果晚,产量低。应根据栽培目的确定具体的扣棚保温时间。如以早熟为目的,扣棚宜早,在夜间气温低于15℃时,即应及时扣棚。如以丰产为目的,可稍迟一点,以不影响第二花序的发育即可。在北方地区,扣棚可在11月中下旬。在沪、杭等地,扣棚在10月中下旬。为了保持地温和增进品质,扣棚以后应立即覆盖地膜。覆膜方法是按定植株距打孔,将植株掏出,将膜铺平。

(4)温度控制 扣棚保温能使草莓在不受冻害的前提下,提早开花结果,比露地栽培提前1~2个月成熟,能取得更高的收益。因此,扣棚后需要密闭保温,以使棚内温度迅速升高。前期以促进植株生长发育为主,使光合作用旺盛。白天温度应在28℃~30℃,夜间最低应保持在8℃以上。夜温达不到要求时,可在棚内再加盖一层小拱棚,必要时小拱棚上再加盖草苫。但是,小拱棚到白天必须撤除,不然昼温会超过需要。

保温开始后,经过25天左右,新叶展开3~4片时即开始开花。开花时,花器对高温极为敏感,超过35℃时花粉授粉能力减低,夜温降至 0℃以下雌蕊易受冻害。所以,开花期白天棚内温度应为 20℃～25℃,还要注意通风换气,夜间棚温保持在 6℃～7℃。地温以保持在 18℃～22℃为宜。气温低于地温的时间长了,草莓茎叶繁茂,开花晚。

在果个增大期,棚温白天为 20℃～25℃,夜温为 5℃～6℃,地温为 14℃～18℃。夜温高于 8℃,果实着色快,但增大慢,易长成小果。所以,要通过换气使夜温保持在 5℃上下。接近成熟时,要将棚顶和棚的下部两侧的薄膜揭开换气。但是,在雨天和晚间有降霜可能时,要重新盖好。

(5)加强管理 当腋芽发生太多时,要把后期发出的腋芽早点掰去,以免影响前期果个增大,还应注意疏花。半促成栽培的草莓,1 株能发出 5～6 个花序,在结果期需要 10～15 片叶。对多余的基部叶片,要随着新叶的展开而及时将其摘除。大棚内温度高,蒸发和蒸腾量大,要注意灌水。最好在草莓大棚内安装地下管道,实行渗灌。因为采用沟灌,棚内湿度大,对草莓生长不利,又容易引起病害。追肥应根据植株生长势决定。一般在第一茬果收完后,可采用液肥喷施法,适当补肥。对大棚草莓施用稀土微肥,有促进早熟的作用,喷施 300 毫克/升,在初花期和盛果期各喷 1 次。大棚栽培,应加强病虫害防治。草莓收获后最好进行土壤消毒。

(6)辅助授粉 为了减少畸形果,大棚内应按 10%～20% 的比例,混栽花粉量多,育性高,开花期相同的 2 个以上的不同品种。另外,还需要放养蜜蜂。放蜂传粉是防止畸形果最有效的措施。在草莓开花前 3～4 天,把蜂箱放进大棚内,按 1 株草莓 1 只蜂的比例放养。蜂箱应放置在棚内离地面 15 厘米高、光照好的地方,并使出入口朝着阳光射入的方向。放置时间宜在早晨或黄昏。放蜂后,棚温应保持在 20℃～23℃,与蜜蜂生活习性相适应。遇到连阴天,要做好通风换气工作,以降低棚内湿度。中午气温高达 40℃时,要通风,并覆盖薄的尼龙纱,以防蜜蜂飞逸棚外,放蜂期间不能喷施农药。

(7)土壤消毒 大棚栽培应加强病虫害防治。草莓收获后,最好进行土壤消毒。过去,常采用氯化苦或溴甲烷两种熏蒸剂进行土壤消毒。这2种药剂能放出有毒气体,不宜采用。目前最安全的方法是利用太阳能进行土壤消毒。其方法是在高温的7～8月份,将土壤深翻,灌透水,做成高垄,以扩大对光能的吸收面。土壤表面覆盖一层薄膜或旧棚膜,密封大棚,利用夏季太阳热产生的高温,地温可升高至50℃～55℃,能杀死土壤中的病菌和害虫。进行太阳能土壤消毒时,可施入腐熟优质农家肥和三元复合肥。通过高温,使农家肥充分腐熟,以提高肥效。太阳能土壤消毒的时间不少于40天。现已发现,用环氧乙烷混合气体进行土壤消毒,也有明显的效果,且无残毒及副作用。

采用塑料大棚进行半促成栽培,草莓采收期可提早至2月末,采果持续期长达3个月,有显著的经济效益。

(四)日光温室或大棚促成栽培

促成栽培是采取措施诱导花芽分化,打破休眠或不让植株进入休眠,把将要进入自然休眠的植株,进行保温,让其继续生长,从而使果实收获期尽量提前的一种栽培方式。其设施采用日光温室或塑料大棚。北方地区采用日光温室较普遍,南方地区采用塑料大棚双重保温。温室内有临时的加温设备。如热风炉加温,热气经鼓风机从暖风炉中鼓出,从风筒中通过时,将热量释放出来。促成栽培草莓的果实采收期,可提前至12月中下旬,采收期长达5～6个月。其间有两次采果高峰期。每667米² 产量一般在2 000～3 000千克或以上,经济效益十分可观。

1. 日光温室场地的选择

选择地形开阔,地势高燥、背风向阳、东西南 3 面无林木、建筑物或山丘遮阴的地方,要避开风口和河谷。所选的地方,土壤和水质适宜,电源、排灌设施好,交通方便。温室的方位宜东西向延长,坐北朝南。在冬季寒冷的北方地区,以南面偏西不超过 10℃ 为宜。场地确定后,要进行合理的规划。规划内容包括温室长度、排列方式、间隔距离、田间道路、排灌沟渠和附属建筑等方面。为了使前排温室不对后排温室造成明显遮光,在京津地区,南北两排温室的间距应不小于温室脊顶高度加卷起的草苫高度之和的 2 倍。东西两列温室之间,应有 3～4 米宽的通道,并有排灌的沟渠。

2. 日光温室的类型

日光温室有多种类型,其结构主要由墙体、温室支撑构架和采光面 3 部分组成。目前生产上使用的有一坡一立式日光温室、鞍Ⅱ型日光温室、半圆拱式塑料薄膜日光温室和节能型日光温室(图 7)等,其中节能型日光温室在河北省保定等地草莓产区已广泛应用。日光温室的后墙高 1.8～2 米,后墙上距地面 1 米高处,每间隔 1.5 米设一个直径为 20 厘米的通风口。墙体用砖或土坯砌成,也有的用砖、石、土、煤渣和聚苯泡沫板等多种材料分层复合而成,墙体厚度一般超过 0.5 米。温室骨架用竹木结构或钢筋材料,用水泥杆作立柱。脊高 2.8～3 米,跨度一般为 8 米,东西走向,长度不超过 50 米。采光面采用 0.08～0.1 毫米厚的聚乙烯无滴膜。夜间为了保温,可再加草苫或保温被等双层覆盖。在北方寒冷地区,可在塑料膜和草苫之间另加一层牛皮纸做成的纸被或无纺布等。由于草苫重量较大,因而有人用保温被来代替,并安有手动或机动揭盖装置。此外,在温室前沿挖一条深 50 厘米、宽 30～40 厘米的防寒沟,沟内铺衬一块与沟同长,宽可包住全部填充物的旧薄膜,把所填充的软草、锯末、稻壳和骡马粪等物包住,然后覆土压实,使之高出地面 6～10 厘米。防寒沟的作用是阻止温室内土壤中的热量横向流失。

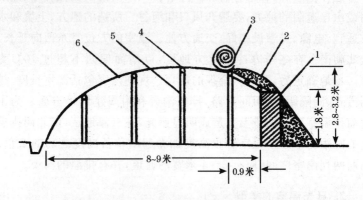

图 7　大跨度高效节能日光温室
1. 后墙　2. 后层面　3. 草苫　4. 腰檩　5. 立柱　6. 拱杆

3. 日光温室促成栽培技术

(1)选择良种与壮苗　供促成栽培的草莓品种,要求休眠期短,形成花芽容易,健全花粉多,花期对低温抗性较强,抗病,早熟,丰产优质,如章姬、丰香、明宝、幸香、枥乙女、女峰、丽红和静宝等品种。在偏远地区,也可选用果实硬度大、耐贮运的草莓品种,如弗吉尼亚和吐德拉等。栽植秧苗宜用无病毒苗作母株,在专门的繁殖圃培育而成。

促成栽培的定植苗,要求根系发达,须根多而粗白,叶柄短粗,长 15 厘米左右。在沙壤土地上用中苗(有 5～6 片展开叶,根颈粗 1.3～1.5 厘米,苗重 25～30 克);在黏土地上用大苗(8 片叶、根颈粗 1.5 厘米以上、苗重 40 克以上)。定植时苗根要带大土坨。

(2)适期定植和保温　草莓促成栽培,定植时间宜早,可在顶花序花芽分化后5～10天定植。沪、宁一带,在9月中旬至10月上旬定植;京、津地区,在8月下旬至9月初定植;辽宁省通常在9月中旬定植植苗,而非假植苗在8月底至9月初定植。假植苗定植过早,会推迟花芽分化,影响前期产量;定植过晚,会影响腋花芽分化,使采收间隔期延长,也影响产量。进行高山育苗的,如果山下气温高,可在草莓苗顶花序花芽经历15天分化后,下山定植。

保温适期,要掌握在顶花芽分化之后,并且第一腋花芽已分化,即将进入休眠状态时进行。保温过早,不利于花芽分化;保温过迟,若植株进入休眠状态,则很难解除休眠,会导致植株矮化。北方寒冷地区,保温适期一般在10月中下旬,南方地区为10月下旬至11月初。扣棚后1周左右,即行覆盖地膜。

(3)温湿度管理 扣棚保温后,草莓不同生长时期的温度要求为:现蕾前,白天温度保持在25℃～30℃,夜间温度保持在12℃～18℃;现蕾期,白天温度保持在25℃～28℃,夜间温度保持在8℃～12℃;开花期,白天温度保持在22℃～25℃,夜间温度保持在8℃～10℃。开花期若遇−2℃以下低温,会使雄蕊花药变黑,雌蕊柱头变白,严重影响授粉受精。果实膨大和成熟期,白天温度保持在20℃～25℃,夜间保持在6℃～8℃,此期温度过高,会使果实着色快、成熟早,但果个小,品质差。采果期,白天温度保持在20℃～23℃,夜间保持在5℃～7℃。室温的调控,要通过揭盖草苫或保温膜,以及开启通风口的大小来调节。

日光温室内的湿度比室外高,当空气相对湿度为40%～50%时,草莓花粉发芽率最高;当空气相对湿度达80%以上时,花粉不能正常散开。因此,在草莓开花期,温室内空气相对湿度应控制在40%～50%,在整个生长期,都要尽可能降低室内的湿度。覆盖地膜,于膜下灌水和近中午时通风换气,是降低温室内湿度的有效方法。

(4)肥水管理 日光温室促成栽培草莓的结果期长,基肥一定要充足,每 667 米^2 所施的有机肥不应少于 5 000 千克。基肥以施腐熟鸡粪更适宜,还应施入过磷酸钙 30～40 千克和三元复合肥 40 千克。在北方地区,草莓扣棚后即进入生殖生长,尤其是集中在 12 月份,故此期要及时进行追肥灌水。据日本学者研究,春香品种植株全生育期每株吸肥量为:氮 2.5 克、五氧化二磷 0.6 克、氧化钾 3 克。从定植至采收盛期,吸肥量占总量的 2/3。施肥还存在肥料淋失和被土壤固定的问题。因此,促成栽培要适当增加施肥量,满足植株在不同生育期对养分的需求和配比。追肥和灌水结合进行,宜施用液体肥。第一次追肥在顶花序现蕾期,第二次追肥在顶花序果实膨大期,以追施磷、钾肥为主;以后追肥,在顶花序果实采收期及腋花序果膨大期。

(5) 增施二氧化碳 在一定的二氧化碳浓度范围内,草莓果实的产量随着二氧化碳浓度的增加而提高。在大气中,二氧化碳浓度约为 300 毫克/千克。在冬季棚室内不通风的情况下,二氧化碳浓度常降到 200 毫克/千克以下。据研究,保护地栽培草莓,当其中的二氧化碳浓度达到大气中浓度的 2～3 倍时,有明显的增产效果。

补充大棚中二氧化碳的方法有多种。其中施用秸秆等有机肥料,其有机质分解能产生大量的二氧化碳气体。山东省农业科学院研制的二氧化碳颗粒肥,每 667 米^2 用量为 40～50 千克。施用 1 次,能连续 40 天以上释放二氧化碳气体。使用液态二氧化碳,如将酒精厂的副产品二氧化碳灌入钢瓶中,用气时打开钢瓶阀门,把气体导入安装好的塑料管中,由通气孔将二氧化碳向室内均匀扩散。此法操作简便,浓度也易控制,但需要附属设施。中国科学院山西煤化所研制的 NC-A 型农用二氧化碳发生器,在生产上已经推广应用。也可使用液化石油气二氧化碳发生器,通过管道把二氧化碳气体输入温室。有沼气的地区,可用管道将沼气通入保护地用燃烧比较完全的沼气炉或沼气灯进行燃烧,也可产生二氧化碳气体。此法简便易行,成本低。干冰是固体二氧化碳,把干冰放在水中会慢慢气化,或置于地表2~3厘米深的条状沟内覆土,使其气化。此法简便易控制,但成本高。

目前,增施二氧化碳的方法,以化学反应法最普遍,易于掌握,成本低。即将工业用浓硫酸,按体积比用3倍水稀释。稀释时需注意,应将硫酸沿容器的内壁慢慢倒入水中,边倒边搅动。再将稀释后的硫酸分成若干份,装入塑料桶中,将桶挂在比植株略高并分布较均匀的地方,硫酸与碳酸氢铵作用后所产生的二氧化碳气体即均匀分布在温室内。每天按需要把碳酸氢铵(化肥)加入到每个盛硫酸的桶中。可按下式计算加入量:

碳酸氢铵用量(克)=温室内空间体积(米^3)×需要的二氧化碳浓度×0.0036

每天所需硫酸量(克)=每天所需碳酸氢铵量(克)×0.62

当碳酸氢铵加入后无气泡逸出时,说明反应结束,剩下的液体是硫酸铵。这是一种氮肥,可对水50倍后用作追肥。

草莓施二氧化碳气肥的最适宜时间,是一天中光照和温度对光合作用最有利的时间,棚(室)温度以在20℃~25℃为宜。高于30℃或低于15℃,则光合作用减弱。应注意掌握晴天上午施,阴天中午前后施,雨天不施的原则。施放时间,一般为2.5~3小时。草莓保护地栽培适宜的二氧化碳浓度为1 000~1 500毫克/米^3。

(6)赤霉素处理 喷施赤霉素是草莓促成栽培的常用措施。这样做,有促进生长,诱导花芽分化,打破休眠,防止植株矮化和使果实提早成熟的作用。对深休眠草莓品种,在保温后3天和花蕾出现30%以上时,每株各喷1次5~10毫克/升赤霉素溶液5毫升,重点喷心叶部位。喷量过大会导致徒长;喷得过早会把腋芽变成匍匐茎;喷晚了起不到促进开花的作用,只能促使叶柄增长。对草莓喷施赤霉素,应选择高温时间喷,喷后把室温控制在30℃~32℃,1周内就可以见效。对休眠浅的草莓品种,只需在保温后第二片新叶展开时喷 1 次即可。如果保温后植株生长旺盛,叶大色绿,可不喷赤霉素。应注意的是,赤霉素具有使茎伸长的特点,若浓度过大,喷后使花(果)梗伸长,甚至高出叶片之上。此时若遇寒流,就会受冻害,在结果后期,若植株生长过旺,可喷施 250 毫克/升多效唑溶液加以控制。

(7)增加光照 进行草莓促成栽培,棚(室)内的光照不足是一个普遍问题。尤其在气温低、日照短的秋冬季,植株容易矮化休眠。为了保持植株的生长势,抑制其休眠,就应该将增加光照与采用保温设施和进行赤霉素处理相互配合。通常在 11 月末,就开始用电灯照明来补光照。一般每 667 米^2 安装 100 瓦白炽灯泡不少于 40 个,从傍晚开始照射至子夜 2 时左右,再从早晨 4 时开始照射至 8 时,把每天的光照时间延长至 13～16 小时。早晨照明可增大果个,傍晚照明可促使叶柄伸长,防止矮化。补充电灯照明,应持续至翌年 1 月末或 2 月份。具体补光时间的长短,可根据当地日照长短来决定。通过人工补光,植株不会衰弱,果实能连续不断地成熟,可显著提高草莓产量。

(8)防止果实畸形 进行草莓保护地栽培,由于棚(室)内空气流通不畅,温度低,往往花期授粉不良、未受精的雌蕊变褐萎缩,成为无效花;或一朵花只有一部分受精,成为畸形果。湿度大,花药不能正常开裂。花期喷农药等也会增加畸形果的产生。草莓促成栽培,畸形果率可达 30％左右。防止出现畸形果有如下的措施。

①控制棚(室)温湿度 注意通风换气,灌水保温,降低空气湿度。

②选用畸形果率低的品种 要选用畸形果率低的优良品种,并进行混栽。如哈尼的畸形果率一般不超过 10％,全明星的畸形果率为 20％左右,丽红和丰香等品种的畸形果率亦较低。而硕丰和硕蜜等品种的畸形果率可达 30％。

③禁止花期使用农药 对花期发生的病虫害,可用烟熏法进

行防治,也可选用抗生素类农药如多抗霉素等,进行防治。

④提高授粉质量 提高授粉受精质量,可有效防止出现畸形果。因此,要认真搞好人工授粉和放蜂传粉(方法同半促成栽培)。

(9)减少和防止天气危害 草莓促成栽培,遭遇天气危害时,应采取以下措施:一是连阴天后遇寒流降温,易发生冻害,需临时辅助加温,如搭小拱棚、生火炉等。二是持续阴天时,只要无寒流降温,每天都要揭开草苫透光,因为散射光也有一定的增温作用。如果因为有积雪而无法揭苫时,则需用电灯照明增光。三是久阴骤晴,如一旦揭开草苫,光照很强,温度上升很快,植株蒸腾加快,而根系吸水慢,因而易引起叶片萎蔫,甚至会变成永久萎蔫。防治措施是反复把草苫卷起放下,直到不出现萎蔫为止。萎蔫较重时,可在叶上喷清水,或喷 10% 葡萄糖液。

促成栽培的植株管理,如摘叶、去腋芽、去匍匐茎、除病虫果和疏花疏果等措施,与露地栽培相同,此处不再重复。

七、草莓的冷藏抑制栽培技术

在长日照高温的夏季,具有四季草莓特性的品种才能形成花芽。春季虽可形成花芽,但随即进入高温的夏季,植株发育迅速,结的小果即使已成熟,但商品率也低。为使草莓在秋季开花结果,必须采取植株冷藏抑制栽培,即把已形成花芽、正在越冬休眠的植株,放进冷库里贮藏,迫使其继续休眠,贮藏温度为 0℃±1℃。到了夏秋之交,外界气温适合草莓生长发育时,从冷库中取出种苗定植,使其在自然条件下开花结果。这就是植株冷藏抑制栽培。植株冷藏,只要湿度合适,可贮藏 1 年之久,而且叶的耐寒力更强,-8℃ 也不会冻死。植株冷藏抑制栽培,又可分为早出库(收获期为 9～10 月份)和晚出库(定植后盖大棚,收获期为 11 月份至翌年1 月份)2 种。由于各地成熟期不同,这种栽培方式,根据出库定植时间和收获的早晚,可分为平地早熟、高冷地早熟、露地栽培和大棚栽培 4 种(图 8)。

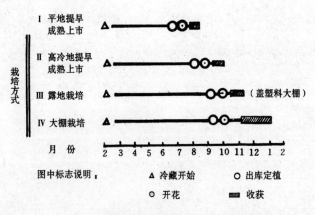

图 8   植株冷藏抑制栽培的几种方式

植株冷藏抑制栽培的整个过程,可分为育苗期、休眠冷藏期和生育结果期 3 个阶段。

(一)冷藏苗的培育

培育冷藏苗的适宜品种有宝交早生、全明星和哈尼等。育苗方法与露地相同。但移栽苗的株、行距要适当加大,应为 20 厘米×20 厘米。定植苗应选营养充足的中大苗,初生根要多而粗,细根也要多。如果在 8 月中旬采苗移栽,苗重应在 35 克以上。育苗地氮肥不能过量,苗吸氮多,根不充实,冷藏易枯死。要多施磷肥,以促进根系发育。冷藏苗要有足够的花数,因为在冷藏期中不能继续形成花芽。所以,花数少的品种要用大苗。但宝交早生花数多,以中苗为宜,因其大苗花量过多,果个会小。如果植株前期花芽发育过度,在冷藏中则容易受冻害。花芽最容易受冻害的时期是花粉形成以后,所以入库时期最好是雌、雄蕊已形成,但尚未形成花粉的时候。花芽在冬季低温期间,一般是发育到雌蕊形成就停止了。至春天转暖以前不能继续形成花粉,花芽数在寒冷时期也不再增加。花芽形成后,追施氮肥,进行摘叶或断根,可推迟花芽的发育。但摘叶容易使花数减少,必须慎用。

(二)植株冷藏

2 月上中旬,把正在休眠的植株,从苗畦里挖出来入库冷藏。挖晚了花芽发育过度,入库后容易受冻害;挖早了,入库过早,出库定植后至收获的时间会拖长。

冷藏前,要把根上所带的土洗净,然后在阴凉处放半天晾干后再入库。植株可用木箱装,箱子里要铺塑料薄膜或报纸,以防透气干燥,也可密封。装箱时,草莓叶要朝向两边,根交叉在中间,横向摆 2 行。须根多、细根少的苗,1 箱可装 800 株左右,大苗只能装 400～500 株。装得松散,冷藏中干燥得快,出库定植后成活率低。装得过挤,冷藏中枯死的多。另外,苗箱中如果水分过多,冷藏中则易结冰。入库冷藏前,先在 5℃室温下预冷 3～5 天,将库温控制在－2℃～0℃恒温条件下,可冷藏 1 年左右。

冷藏温度要绝对控制。温度不稳定是发生冻害和生理病害的重要原因。苗出库后,要原箱不动地放在阴凉处锻炼 2～3 小时,然后开箱取出,把根部放进流水中浸泡 2～3 小时,傍晚时再定植。傍晚出库的,当夜不要开箱,放置 1 夜,至翌日早晨取出,在流水中浸泡后,到下午再定植。

(三)定植及定植后的管理

定植日期应根据收获期决定。在 7～8 月份出库定植的,经过 30 天左右就能开始收获;9 月上旬定植的,需要 45～50 天才能收获;9 月中旬定植的,2 个月以后才开始收获。定植过早,正值高温干燥季节,烂根和畸形果多,果实小,产量低。9 月上中旬定植的,因花序发育和叶的生长能保持平衡,所结的果实大,产量也高。

在温暖地区进行冷藏抑制栽培,有的年份花芽发育不稳定,收获晚,产量不高。在寒冷地区,花芽发育虽然很稳定,但与四季草莓上市期同步,经济效益不高。所以,抑制栽培必须在 9 月中旬出库定植。这样,收获期早于促成栽培,才能有利。

定植前把栽植畦准备妥当。定植后及时灌足水,在地面铺地膜和稻草,上面用草苫搭棚遮阴,以加速其成活。定植时气温在22℃以下,地温在 25℃以下,成活率最高。一般在 9 月中旬具备这种适宜条件。9 月下旬定植的,收获期遇初霜,易引起冻害,故必须提前保温。定植后短期内,根的生长比地上部生长晚。因此,定植后不要急于施肥,定植前也可以不施基肥。等到成活后,茎叶开始生长时,再追施液肥。定植后长出几片新叶时,可把冷藏前的老叶陆续掰掉,以免传染灰霉病。定植后还要注意天气变化,防止自然灾害(风、雹、涝等)造成损失。

10月中旬以后定植、11月中旬开始保温的,可以一直收获至翌年2月上旬。9月上旬以前定植、11月上旬就结束收获的,由于在此期间有形成花芽的条件,所以翌年4月份还能结一茬果。9月中旬以后定植、结束收获晚的,在露地条件下翌年5月份才能收下茬果,而且产量低。但如果采用覆盖薄膜的保温措施,使植株在适温下继续形成花芽,则翌年4~5月份能获得较高产量。

采用植株冷藏抑制栽培技术,结合露地栽培,地膜覆盖栽培,大棚或温室促成和半促成栽培,选用早、中、晚不同成熟期的品种,加上四季结果型草莓,就基本上可以做到草莓周年生产,周年供应市场。必要时,还可辅以速冻草莓,以满足人们的需要。

八、草莓无土栽培

无土栽培是指不用土壤而用含有多种营养元素的基质，或仅在育苗时用基质，在定植以后不用基质，而用营养液进行灌溉的栽培方式。它是随着科技进步和近代化工、机械、电子、自动化技术的发展，而迅速发展的一项农业工程技术。我国无土栽培起步较晚，但发展迅速。1985年全国无土栽培面积不到2公顷；1997年无土栽培达到138公顷；2000年初，无土栽培已超过300公顷。无土栽培主要分布在沿海发达地区的大城市。栽培作物以蔬菜为主，目前已有60余种。草莓也可以进行无土栽培。

无土栽培具有以下特点：一是能避免土壤传染的病虫害及连作障碍。二是能充分而合理利用设施内的土地及空间，可实现立体栽培，肥料利用率高，能节约用水，减轻劳动强度，大幅度提高产量和改善品质。三是不受地域和场地大小的限制，可在不适宜农业生产的地方种植农作物。其规模可大可小，大的可工厂化栽培，实行人工智能管理，小的可每户在院内或阳台进行观赏栽培。四是可增加采收次数，进行周年生产。

但无土栽培一次性设备投资大，用电多，肥料费用高，营养液的配制、调整及生产过程中的各项操作管理，都需要掌握一定的专门知识才能胜任。因此，应根据当地条件推广应用。

（一）无土栽培方式

无土栽培根据其是否使用基质，可分为基质栽培与无基质栽培2种方式。基质是代替土壤、固定根系，植株通过基质吸收营养液和氧气。基质可分为两大类，即有机基质和无机基质。

1. 有机基质

有机基质包括草炭、稻壳、锯末、树皮、酒糟、生产食用菌的废料、甘蔗渣和椰子壳纤维等。使用前，需经消毒才能保证安全。这类基质的特点是盐基交换量大，有一定缓冲力，容重较大，来源广，成本低廉。灌水时，应采用滴灌带软管，或滴灌管道和滴头结合的供液方式。

2. 无机基质

应用最普遍的无机基质是岩棉，其他还有珍珠岩、蛭石、火山灰岩、煤渣、陶砾和沙等。这类基质的盐基交换量小，缓冲力差，容重较小，有一定的透气性，价格较贵，来源也受一定的限制。其灌溉方式与上述相同。

有机基质与无机基质各有其优缺点。把两者结合起来，形成混合基质，可取长补短，降低基质的容重，增加基质的孔隙度，提高基质中空气和水分的含量。如将草炭与蛭石按 1:1 的比例组合，蛭石、草炭及锯末按等比例配合等。基质间的组合，应以 2～3 种相互配合为宜。混合基质的容重，以 1 克/厘米^3 左右为好。

3. 无基质栽培

无基质栽培又称为水培，与基质栽培的不同之处是基质栽培由基质先吸收营养液，然后供根系吸收。氧的供给，主要靠基质颗粒中的空隙提供。而水培法除了育苗时采用基质外，定植后则不用基质，而让植物根系直接与营养液接触，即所谓营养液膜法（NFT）。根系通气是靠向营养液中加氧来解决。营养液中包括栽培作物生长所需的各种养分，需要专用化肥和微量元素肥料来配制。配制营养液时，要把水中原有元素的含量计算在内。因此，同样的营养液配方，其化肥用量不同。

水培法对营养液的配制、调制和管理要求较严格。营养液的pH值应保持在5.8～6.2。配制的水质有硬水和软水之分,以水中含钙量多少来划分。含钙量在90～100毫克/升以上的称为硬水。我国北方地区的水多为硬水。含钙量不足90毫克/升的为软水。

水质对无土栽培有重要影响。水质的优劣包括3个因素:一是总盐量(水溶性固体物质含量)。用EC法(电导率)测定,单位为毫西,1个毫西的数值相当于500毫克/千克氯化钠的量。电导率在0.5毫西左右是比较好的水质,适于无土栽培用。硬水的电导率一般在0.7毫西左右,采用便携式电导仪,可以快速准确地测出水和溶液的EC值。二是pH值(氢离子浓度)。大多数植物根系在pH值5.5～6.5的酸性范围内生长最好。pH值大于7,会使锰、铜、铁与锌等微量元素沉淀,不能被作物吸收。pH值小于5,会腐蚀循环系统设施的金属元件,并使植株过量吸收某些元素而造成中毒。三是有毒物质。主要是重金属元素,是由环境污染所导致的水质恶化。也可在栽培过程中,因养分失调,使某种有毒物质积聚而产生。

栽培草莓的营养液,应保持pH值6左右,EC值为1.2～1.4毫西。在栽培过程中,对配制的营养液应定期进行检测和调整。

4. 有机生态型无土栽培

有机生态型无土栽培,是以有机肥或固体无机肥直接混施于基质中,作为供应作物所需营养的基础,在整个生长期分几次将固态肥料直接施于基质表面,并用清水灌溉作物,以代替传统的用营养液灌溉根系。中国农业科学院蔬菜花卉研究所,在"八五"期间研究开发的有机生态型无土栽培技术,是以高温消毒鸡粪为主,适量添加无机肥料的基质配方。其养分含量为:氮4.21%～5.22%,磷1.51%～2.3%,钾1.62%～1.94%,钙6.16%～

7.68％,镁 0.86％~1.34％,铁 0.2％,还有硼、锰、铜、锌、钼等微量元素。消毒鸡粪应与其他有机肥(如豆饼、向日葵秆粉等)及无机肥(如硫酸铵、磷酸铵、三元复合肥或蛭石复合肥等)混合使用,以弥补消毒鸡粪中营养元素含量较低和养分不平衡的不足。

有机生态型无土栽培,具有以下特点:一是大幅度降低一次性设施系统的投资。二是比施用营养液,其肥料成本低 60％以上。三是操作管理简单,容易掌握。四是对环境无污染。无土栽培灌溉过程中,有 20％左右的水分或营养液被排出,排出液中的盐分浓度过高会污染环境。如岩棉栽培系统,排出液中硝酸盐含量高达 212 毫克/升,对地下水造成严重污染。而有机生态型无土栽培排出液中,硝酸盐含量仅为 1~4 毫克/升,对环境无污染。五是产品质量高,可以达到 A 级或 AA 级绿色食品的标准。

有机生态型无土栽培方式,已在国内推广应用,并取得了良好的经济效益和社会效益。这种栽培方式同样适用于草莓栽培。采用这种方式栽培草莓,其诸多优越性均得到了表现,收到了良好的效果。

(二)无土栽培设施

草莓基质栽培通常采用槽培和袋培 2 种方式。

1. 槽培设施

槽培是无土栽培系统中一次性投资较低的一种方法。其培养槽可分为永久性的水泥槽或半永久性的砖槽,或其他材料做成的栽培床。砖的规格国内比较统一,其长、宽、高分别为 24 厘米、12 厘米和 5 厘米。栽培槽高度由三块砖垒成,为 15 厘米,槽宽内径为 48 厘米(两块砖横放),外径为 72 厘米。槽长依温室地形而定,一般为 5~6 米,大型温室可超过 20 米。槽的坡度为 1％,以利于排水。

　　为了防止渗漏,并使基质与土壤隔离,在槽的基部铺1～2层0.1毫米厚的塑料薄膜,然后将基质填入槽中,按每667米^{2}填基质约33米^3,使用2年后重新更换基质。灌溉用自来水管,每个栽培槽安装一个自来水龙头,接上滴灌带(图9)。需要注意的是,栽培槽用砖垒上即可,不用砌,以利于根系通气。

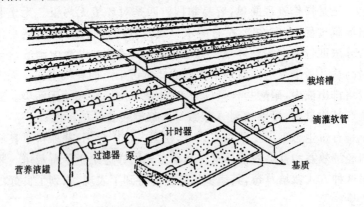

栽培槽

滴灌软管

计时器

过滤器 泵

营养液罐

基质

图9　槽培系统和滴灌装置示意图

　　槽培常用的基质有沙、蛭石、锯末、珍珠岩、草炭与蛭石混合物、草炭与炉渣混合物,以及草炭或蛭石与沙混合物。基质在混合之前应加入肥料。如草炭0.4米^3,炉渣0.6米^3,硝酸钾1千克,蛭石复合肥1.04千克,与消毒鸡粪10千克相混合。混合后的基质应立即装入槽中或装袋使用。

　　基质栽培的灌水系统,可分为封闭式或开放式。封闭式是指营养液可循环使用,此法成本较高,管理复杂。开放式的营养液不可循环使用,设备造价低。

2. 袋培设施

　　袋培是指将基质装入特制的塑料袋中,其他与槽培相似的一种方法。塑料袋宜选用抗紫外线、耐老化的聚乙烯薄膜,制成筒状开口栽培袋。在光照强的地区,袋表面稍呈白色,以反射阳光,防止基质升温;在光照较少的地区,袋表面以黑色为宜,有利于冬季吸热增温。筒膜袋的直径为30～35厘米,一端密封,袋内直立放置基质。在袋的底部和两侧各开2～3个直径为0.5～1厘米的孔洞,以排除多余的营养液,防止沤根。袋内可装基质10～15升。根据袋的大小,种植1～3株草莓。在定植前,将基质用水灌透,以充分吸水,保持湿润。

草莓由于株展度小,较耐弱光。为了充分利用温室空间,还可采用柱状或长袋状垂直栽培。柱状基质栽培,可采用石棉水泥管或硬质塑料管,其内填充基质,四周开口,草莓定植在孔内的基质上。长袋状栽培,即用0.15毫米厚的聚乙烯薄膜,做成直径为15厘米的长袋状筒膜,筒长1.5～2米,上端装入基质后扎紧,悬挂于温室上部横梁的挂钩上,如香肠形状。袋的四周开直径为2厘米左右的定植孔,以栽植草莓秧苗,底端扎紧,以防基质落下。袋底部有排水孔。灌溉采用安装在袋顶部的滴灌系统来进行,从袋顶部向下渗透,至袋底排出(图10)。长袋的摆放密度,行距为1.2米,袋距为0.8米。营养液不循环利用。每月要用清水淋洗1次栽培植袋。

(三)无土栽培技术要点

1. 育 苗

最好选用脱毒苗培育壮苗。育苗方法可采用塑料钵育苗或穴盘育苗,也可用岩棉块育苗。于7月上中旬,从健壮母株上采集有2～3片叶的子苗,洗净根部泥土,栽植到有基质的育苗钵内,或移栽到水培育苗床上,进行培育。塑料钵育苗的基质,可选用2份泥

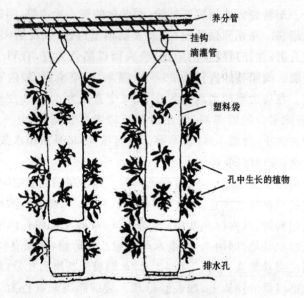

图 10　长袋状栽培示意图

炭加 1 份蛭石混合而成。

　　无土育苗通常在 8 月下旬将浇灌的营养液改用清水,以中断供氮处理,并进行低夜温处理,来诱导花芽的形成。育苗期的主要管理工作,是随时摘去老叶和新发生的匍匐茎,以促进幼苗根茎粗壮。

2. 定　植

　　无论是水培或固体基质栽培,都需要有容器种植床。种植床可用木料、水泥、金属、塑料和陶瓷器等构成,也可用泥土、砖砌成种植槽,或用宽 1.5 米、深 15～20 厘米及长不超过 10 米的木箱做种植床,箱内铺塑料布,底部设排水孔和接水容器。

　　定植期一般在 9 月下旬。定植前应剪掉植株残叶,每株留 2～3 片叶,根部留 3～6 厘米长。在种植床内,定植的行、株距为

20 厘米×15 厘米。如果在塑料袋中定植并把袋直接放在土壤上面,则应在栽培袋下面放几层塑料膜,以防根系通过排水孔进入下面土壤。定植后的管理,白天应遮阴,减少叶面蒸发,促进生根成活。定植后 2～3 周内,只灌清水,待缓苗后再灌营养液。

3. 营养液配方及浓度调整

营养液配方很多,因栽植环境不同,难以提出一种普遍适用的配方。现提供荷兰草莓基质的营养液配方(表 2),供读者参考。

表 2　荷兰草莓基质的营养液配方

营养元素	用量(毫克/升)	营养元素	用量(毫克/升)
NH_4^+-N	7	Fe	0.84
NO_3^--N	214	Mn	0.55
P	46.5	B	0.30
K	302	Zn	0.32
Ca	150	Cu	0.05
Mg	48.6	Mo	0.05
S	48		

在我国,采用 2/3 稻壳＋1/3 花生壳粉和蛭石作基质时,其营养液的配方见表 3。

表3 国内采用的草莓营养液配方

肥 料	化学式	用 量 (克/1000 升)	肥 料	化学式	用 量 (克/1000 升)
硝酸钙	$Ca(NO_3)_2 \cdot 4H_2O$	1260	硼 酸	H_3BO_3	4
磷酸氢钙	$CaHPO_4$	515	硫酸钙	$CaSO_4 \cdot 5H_2O$	0.12
硫酸钾	K_2SO_4	870	硫酸锌	$ZnSO_4 \cdot 7H_2O$	0.8
硫酸镁	$MgSO_4 \cdot 7H_2O$	537	钼酸铵	$(NH_4)_6Mo_7O_{24} \cdot 4H_2O$	0.08
螯合铁	Fe-EDTA (13%～14%)	30	硫酸锰	$MnSO_4 \cdot 4H_2O$	8

草莓水培法以营养液膜法应用较普遍,其所用营养液的配方见表4。

表4 草莓水培的营养液配方

A 液		B 液	
肥 料	用量(毫克/升)	肥 料	用量(毫克/升)
硫酸镁	123	硫酸钙	236
硝酸钾	303	螯合铁	16
硝酸钙	236	硼 酸	1.2
磷酸铵	57	氯化锰	0.72

配制时,把 A 液、B 液肥料溶于等量的水后,混合在 1 000 毫升容器中,作为母液。母液应在低温、避光条件下保存,使用时需稀释母液。草莓苗栽后至开花前,取 1 份母液对 9 份水施用,开花后按 1.7∶8.3 的比例,对水施用。

无土栽培只能通过营养液的浓度配比来调整营养生长与生殖生长的关系。在草莓开花前,营养液浓度要低些,这样可抑制畸形果的发生。开花后,需肥量增加,应加大营养液浓度。根据日本试验,宝交早生、女峰和芳玉等品种,在定植至开花前的营养液适宜浓度为 0.5～1 毫西,开花后为 1～1.4 毫西;而丰香、丽红和春宵品种的营养液浓度开花前为 1～1.4 毫西,开花后为 1.8～2 毫西。

采用循环式供液方式栽培草莓时,营养液连续使用 2 个月以后,应更新营养液。在栽培草莓的过程中,应间隔 3～5 天检测和调整营养液的电导度(或称营养液总浓度,EC 值)和营养液的 pH值,以保证草莓健壮地生长和结果。

草莓根系吸收水分和养分,都需要氧气。氧气主要来自营养液中的溶解氧。一般每吸收 1 毫升营养液,需要吸收 500 毫升氧气。故无土栽培的草莓易产生缺氧现象。其增氧措施是,增加氧在营养液中的扩散能力,提高营养液中氧气的含量。常用的加氧方法有落差、喷雾、搅拌与压缩空气等多种。尤其在高温环境下,应安装通气管,经常向营养液中通气增氧。

4. 品种选择

进行草莓无土栽培,是为了在冬春季供应市场或进行周年生产,主要采用促成栽培。因此,应选择休眠浅、果个较大、外形美和抗逆性强的优质高产品种。还应考虑早、中、晚熟品种搭配,以延长果实供应期。冬春季栽培的品种,还应具有在低温短日照条件下,着果能力较强,花粉多,成熟快,着色好,并耐低温的特性。故适宜无土栽培的草莓品种有春香、丰香、章姬、鬼怒甘、吐德拉、弗吉尼亚和美香莎等。另外,宝交早生和四季结果型品种也适宜。

5. 基质消毒

基质在使用前及栽培一茬作物后,都应进行消毒。药剂消毒可用福尔马林原液稀释 50 倍,向基质喷洒均匀后,在基质上覆盖薄膜,堆闷 24 小时后揭膜,风干后 2 周,即可使用。采用药剂进行消毒,成本低,但安全性差,并易污染环境。有条件的地方,可采用蒸汽消毒,即将基质放入消毒箱内消毒。基质量大,可堆成 20 厘米高的小堆,其上用防水、防高温的布盖住,输入蒸汽,保持在 80℃～90℃温度下消毒 1 小时。此法效果好,使用安全,但成本较高。

对基质也可采用太阳能消毒。这是利用高温季节,在温室或大棚中,把基质堆成 20～25 厘米高的小堆,用水喷湿基质,使其含水量超过 80%。然后用塑料薄膜覆盖好,并密闭温室或大棚,暴晒 2 周,消毒效果良好。此法安全、实用,在保护地栽培土壤消毒中,已普遍应用,也适用于基质消毒。

6. 病害防治

进行无土栽培,草莓的病害比土培要轻得多。但是,只要有一株染病,通过营养液循环,就可迅速蔓延开来。水培条件下最易发生根腐病。多在低温期发生,病原传播途径很广。因此,无土栽培草莓的病害防治,应以预防为主,采取综合防治措施,避免无土栽培中每一个环节可能出现传病的渠道,搞好设施、器具及温室内外的卫生。进行植株管理时,要注意勤洗手,使工作服、鞋子保持干净,并及时更换。非操作人员不要随便进出。草莓病虫害防治的具体方法,见本书相应章节。

九、草莓盆器栽培技术

（一）盆栽技术

草莓既可以在房前屋后的庭院里进行盆栽，也可以在封闭阳台、室内或温室、大棚内进行盆栽。盆栽草莓既能尝到新鲜草莓果实，又能观赏到草莓植株与果实的优美形态，还可净化空气和美化环境。它既能丰富人们的生活，又能增加收入，因而具有广阔的发展前景。

1. 容器与培养土

栽培草莓的容器，以花盆为宜。这样，便于挪动。花盆口径为25～35厘米，深度不应小于20厘米。若用于花坛摆放或放置室外，可采用较大的、色彩艳丽与通气性好的陶瓷盆。容器底部要有排水孔。栽植前用水进行浸泡。

盆土以阔叶林表层的腐殖土为佳。因为这种土含有机质多，养分高，土壤疏松，吸水排水性能好。盆栽草莓的培养土，也可人工配制。用肥沃园土、腐熟的禽畜粪（鸡、鸭或羊粪）及压碎的细沙各1份，再加入2%～3%过磷酸钙，混合均匀，即可使用。装盆前，对培养土可用0.3%高锰酸钾水溶液消毒。在盆底部，可放一些碎骨、鱼粉、蹄屑与蛋壳之类作基肥。

若是采用无土栽培，盆内装入混合基质，如2：1的草炭、蛭石等。其基质混合时，应加入一定量的营养元素。其后的管理工作，与无土栽培相同。花盆的底下要有托盘，以防止水分及营养液流出。盆底与托盘之间，应留出一定的空间，以利于根系与空气接触。需要注意的是,阳台和室内地板的负载量有一定的限制,栽植时应尽可能减轻负荷,以降低对建筑物的影响。另外,还需要有防水及排水设施,如铺油毡做防水层,盆内的排出液要有排水通道等。

2. 秧苗质量与品种

栽植的草莓苗,要选用当年的匍匐茎苗,并且要求是无病虫害,须根发达,白色吸收根多,顶芽饱满,具有 3~5 片复叶,叶柄短粗,单株重 25 克左右的中等大小的健壮苗。

盆栽培草莓一般品种都可种植,但以四季结果型品种更适宜。这种草莓一年可多次开花结果,在长日照高温条件下,也能形成花芽。它也适应寒冷地区栽培。由于它果个较小,产量较低,管理费工,因而不适于成片集中栽植,而适于庭院栽培或盆栽,居室存放时更为引人注目。

3. 栽植方法

秧苗栽前可用 50 毫克/升萘乙酸或 ABT 生根粉溶液浸根 1小时,以提高成活率。栽植时,先在盆内装一部分培养土,然后把草莓植株放入盆内,使根向四周舒展开,继续填土。栽植深度以下不露根、上不埋心为原则,把土摁实,将苗位固定。盆土不要填得太满,土面与盆口应保持 3 厘米左右的距离,以便日后灌水施肥和培土。1 个花盆内可栽植 2~3 株秧苗,盆栽比露地栽培,一般可增加 25% 左右的株数。栽后应立即灌透水,待水渗下后,把露在外面的须根加土盖严,并轻轻将苗向上提一下,再压实,以使根、土结合紧密,并且深浅合适。

4. 肥水管理

草莓对肥水的要求较高,特别是四季草莓,一年中不断形成花芽,并开花结果,因而需要多次增施肥水,才能满足需要。给盆栽草莓补肥,既可以采用复合颗粒肥料或长效花肥,也可以把饼肥、鱼杂、兽蹄和家禽内脏等,加水充分发酵腐熟后,结合灌水施肥。间隔 10 天左右施 1 次。施肥要少施、勤施。如施用化肥,可采取叶面喷施法,其浓度为 0.3%,并在早晨或傍晚施用。草莓水分不足,叶片表现萎蔫。如果是室外盆栽,则早、晚各灌 1 次小水。夏季天热,花盆不要直接放在阳光下暴晒,而宜放置在通风阴凉处,午间还需增灌 1 次水,但不要用水温低的井水或自来水浇灌。

5. 摘老叶,去匍匐茎

草莓植株的叶片不断更新,老叶的存在不利于植株的生长发育,并且容易发生病虫害。一旦发现植株下部叶片呈水平着生状并开始变黄,叶柄基部也开始变色时,即应及时将这种老叶摘除。

匍匐茎对母株养分消耗很大。当发现叶片基部抽生的既不是幼叶,也不是花蕾,而是线状物时,这就是初生的幼嫩匍匐茎,必须及时摘除。亦可把匍匐茎留下,待其长出叶丛自然下垂时,不让它结果,而是把它培养成形似吊兰的草莓盆景。为了防止畸形果发生,盆栽草莓也应摘去花序的顶果。

6. 防治病虫害

盆栽草莓的主要害虫是蚜虫、叶螨和白粉虱;主要病害是褐斑病和灰霉病等。一旦发生,均应及时采取相应的措施进行防治。对白粉虱可喷施 10%噻嗪酮乳油 4 000 倍液。这是一种新合成的昆虫生长调节剂,对白粉虱有特效,能使其在若虫蜕皮期致死,并对成虫产卵和幼虫孵化有抑制作用,残效期为 20 天。

7. 培土换盆

草莓每年往上抽生一段极短的新茎,新茎的基部又发新根,而下部的老根则逐渐死亡。因而草莓的茎和根每年都要上移。为了保证新茎基部有发根的适宜环境,必须在新茎基部培土,在盆内加一层土。培土厚度以露出苗心为度。若有条件,在草莓春季结果后,于立秋前后换 1 次盆。新盆中要加入新的培养土。操作时,将植株带土倒出,然后放入新盆内,要稍栽深一些。若植株已结果 2 年,换盆时可将植株周围的土抖掉,露出根系,仔细将新根下部一段似姜状的根状茎掰掉,然后把植株栽入比原盆稍大的新盆内,以便起到更新复壮的作用。

8. 越冬和繁殖

放置在室外的盆栽草莓,在冬季应移入室内有阳光的地方,如向南的封闭式阳台上。在严寒的冬季,还可用塑料薄膜给盆栽草莓保温。也可在室外地面开沟,沟内放置秸秆等物,把盆摆放其中,盆四周用土埋严,上面再用塑料薄膜加以覆盖。

盆栽草莓除了采用通常的方法繁殖外,也可采用水培叶丛法繁殖。采用此法,一般在 8 月上中旬凉爽气候条件下,10 天左右即可使叶丛发根。待叶丛长出有 5~6 条根时,即可把它栽植入花盆内。

盆栽草莓的果实收获后,应该换盆。对于原盆,要进行清洗消毒,重新配装培养土或基质后再使用。

(二)桶式栽培

草莓桶式栽植是利用侧壁上打有栽植孔、壁外带金属箍的圆桶(图 11),作为盛器(栽前应把桶洗擦干净)栽植草莓的一种方式。栽植孔株、行距为 15 厘米×20 厘米。根据桶的高度和直径,可计算出栽植的株数。最下 1 行(圈)离桶底至少 20 厘米,最上 1 行离桶口 10 厘米,各行之间按三角形交错栽植。孔径为 3 厘米。

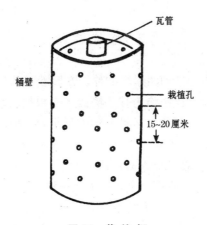

图 11　栽　植　桶

　　栽植之前,在桶底与桶内壁四周垫1~2层农用塑料薄膜,以保湿和滤去多余的水分,还能延长桶的使用寿命。垫好薄膜以后,在桶底加1层5厘米厚的粗砾石或煤渣,然后填加培养土,填到最下一圈栽植孔的底缘,将土压实。在桶的中央立一根口径约7厘米、长约20厘米的瓦管。然后,在桶壁上的每个孔中栽1株草莓苗,把苗根插入孔内,使新茎上的幼叶露出孔外,苗株位于孔的中心以上,要避免因培养土下沉而导致苗心往下移位。将苗根舒展开以后,继续填土到第二圈栽植孔处,如上法栽好第二圈草莓苗。瓦管内装粗沙,加至齐瓦管口时,将瓦管向上抽一段,使沙下沉固定,再往管内加沙,加至瓦管的一半深为止,使桶中心形成一根沙柱。最后使瓦管顶口与桶口相平,将瓦管加以固定,不要抽出。瓦管的下半部装沙,上半部空着,便于灌水。灌水时,桶的中下部通过瓦管沙柱灌水。桶的上部由桶口土面直接灌水。在桶口土面,也可适当栽几株草莓苗。

（三）塔式栽培

栽植塔有方形塔和圆形塔2种。方形塔可用木板或薄铁皮做成。圆形塔以薄铁皮制作为佳。塔的大小根据占地面积、材料及秧苗数量决定。若要栽1米见方的方形塔，可栽3层草莓苗。用15～20厘米宽的木板，钉成3个大小不同的方框。最下的大方框每边长100厘米，第二个方框每边长60～70厘米，第三个方框每边长30～40厘米。将第一个大方框放在地面，框内四周垫一层薄膜，框底不用垫。在框内填满培养土后压实，然后在其上正中放上第二个方框，同样填土压实，以后依次放上方框，填好培养土，形成塔形。在各层面上按15～20厘米的株距打孔栽植草莓秧苗。塔栽草莓的管理方法，与盆栽草莓相同。

十、草莓营养缺素症的诊断及矫正

作物营养元素诊断技术是现代化作物生产管理中的一项重要内容。它可因时因地直接指导作物施肥，对因营养失调引起的产量低、品质差的作物营养缺素症进行矫正。营养诊断技术是把作物无机盐营养原理运用到施肥措施上的关键环节，它能使施肥合理化、指标化。

在生产上，可根据缺素症状的形态特征和分析数据，利用诊断颜色卡，就地快速、准确地了解植株的营养状况，并及时采取相应的对策。作物缺素诊断技术已在国内外生产上广泛应用。高等植物体内的化学元素多达 70 余种，但植物生长发育所必需的营养元素仅十几种，以碳、氢、氧与氮的需求量最大。植物根系吸收水分（H_2O），气孔吸收二氧化碳（CO_2），利用光能进行光合作用，合成碳水化合物，释放出能量。氮则是需要补充的一种主要营养元素。

对于草莓来说，如同其他农作物一样，其营养缺素症的诊断及矫正，在生产中也是非常必要的。

（一）常量元素对草莓生长发育的影响

1. 氮

氮是氨基酸的组成成分，又是叶绿素、维生素、核酸、激素、酶及许多重要代谢有机化合物的组成成分。因此，氮是生命物质的基础，氮对植物的生长、发育、产量和品质都有重要的影响。对于草莓来说，氮素的作用同样如此。

草莓对氮素的需要量，每生产 1 吨草莓浆果，需吸收纯氮大约

3.3千克。但草莓何时需氮量最大、是否需要补充氮素,主要应根据对植株的分析。

草莓植株缺氮的外部症状由轻微至明显,取决于叶龄和缺氮的程度。一般刚开始缺氮时,特别是在生长旺盛期,叶片逐渐由绿色向淡绿色转变。随着缺氮的加重,叶片变为黄色,而且比正常叶片略小。幼叶或未成熟的叶片,随着缺氮程度的加剧,叶片反而更绿;老叶的叶柄和花萼则呈微红色,叶色较淡或呈亮红色。果实常因缺氮而变小。轻微缺氮时,在田间往往看不出来,病株还能自然恢复。这是由于土壤硝化作用释放氮素所致。轻微缺氮对产量无明显影响,却能提高草莓果实的品质。

2. 磷

磷是核蛋白、磷脂等化合物的组成成分,它对植物体内的生理功能起着很大的作用。磷酸直接参与呼吸作用和光合作用的生化过程,如果没有磷,植物的全部代谢活动都不能正常进行。每生产1吨草莓浆果,需吸收五氧化二磷约1.4千克。

缺磷的症状要细心观察才能看出。草莓缺磷时,植株生长弱,发育缓慢,叶色绿。缺磷的最初表现为叶片深绿色,比正常叶小;缺磷加重时,有些品种的上部叶片外观呈黑色,具光泽,下部叶片的特征为淡红色至紫色,叶龄较老的上部叶片,也有这种特征。缺磷植株的花和果,比正常植株的要小,有的果实偶尔有白化现象。根部生长正常,但根量少,颜色较深。缺磷草莓的顶端生长受阻,明显比根部发育要慢。

3. 钾

钾在植物体内以无机盐形式存在。钾在光合作用中占有重要地位,对蛋白质的合成有促进作用。钾也是某些酶或辅酶的活化剂。淀粉的形成和果树新器官的形成,都需要钾素存在。适量的钾肥,有促进果实肥大和成熟,改善品质,提高抗旱、抗寒、抗高温和抗病虫害能力的作用。草莓对钾素的吸收量比其他元素为多,一般每生产 1 吨草莓浆果,所吸收的氧化钾约 4 千克。土壤若为沙性和酸性,则容易缺钾。

草莓开始缺钾的症状常发生在新成熟的上部叶片,叶片边缘出现黑色、褐色和干枯,继而发展为灼伤,还可在大多数叶片的叶脉之间向中心发展危害,包括中肋和短叶柄的下面叶片,从叶片至叶柄几乎同时发暗,并变为干枯或坏死,这是草莓特有的缺钾症状。草莓缺钾,较老的叶片受害重,较幼嫩的叶片不显示症状。这说明钾素可由较老叶片向幼嫩叶片转移。所以,新叶常钾素充足,不表现缺钾症状。光照会加重叶片的灼伤,因此缺钾易与"日灼"相混淆。灼伤的叶片,其叶柄常发展成浅棕色至暗棕色,有轻度损害,以后逐渐凋萎。缺钾草莓的果实颜色浅,质地柔软,没有味道。根系一般正常,但颜色暗。轻度缺钾可自然恢复。

4. 钙

钙对果实的生理功能起着重要的作用。它是细胞膜和液胞膜的黏结剂,能维持细胞的正常分裂,使细胞膜保持稳定。缺钙会使根系停止生长,根毛不能形成,果实贮藏寿命缩短,品质降低,并引起一系列生理病害。草莓对钙的吸收量仅少于钾和氮,以果实中含钙量较高。钙在植物体内流动性很小,不能被再利用,所以缺钙主要表现在新组织上。草莓缺钙有多种表现,最典型的是叶焦病,硬果,根尖生长受阻和生长点受害。叶焦病在叶片加速生长期频繁出现。其特征是叶片皱缩或缩成皱纹,有淡绿色或淡黄色的界限,叶退绿,下部叶片也发生皱缩,顶端不能充分展开,变成黑色。在病叶叶柄的棕色斑点上,还会流出糖浆状水珠,在下面花茎大约 1/3 的部位也会出现类似症状。缺钙浆果表面有密集的种子覆盖,未膨大的果实上种子可布满整个果面,果实组织变硬、味酸。

缺钙草莓的根短粗,色暗,以后呈淡黑色。在较老叶片上的症状为叶色由浅绿色至黄色,叶片逐渐变为干枯,在叶的中肋处形成糖浆状水珠。

5. 镁

镁是叶绿素的组成成分,也是许多酶的活化剂。镁在植物同化二氧化碳的过程中起着很大的作用。镁能促进植物体内维生素 A 和维生素 C 的形成,对于提高果实品质具有重要意义。成熟叶片缺镁时,最初上部叶片的边缘黄化,变褐枯焦,进而叶脉间退绿并坏死,形成有黄白色污斑的叶片。枯焦加重时,基部叶片呈淡绿色并肿起。枯焦现象随着叶龄的增长和缺镁的加重而发展。幼嫩的新叶通常不显示症状。缺镁草莓植株的浆果,通常比正常果红色较淡,质地较软,有白化现象,其根量也显著减少。

6. 硫

硫是蛋白质的组成成分,在植物体内以还原状态存在。硫还存在于维生素 B_1 的分子中。植物体的含硫量与磷相近。缺硫时,胱氨酸不能形成,代谢作用受阻。硫对叶绿素形成也有一定影响。缺硫与缺氮症状差别很小。缺硫时,叶片均匀地由绿色转为淡绿色,最终成为黄色。缺氮时,较老的叶片和叶柄发展为呈微黄色的特征。而较幼小的叶片随着缺氮的加重而呈现绿色。相反地,缺硫植株的所有叶片,都趋向于一直保持黄色。借助于二苯胺试剂测定叶柄硝酸盐或分析叶片的硫酸盐,可以很容易地把植株是缺氮还是缺硫区别开来。缺硫的草莓浆果有所减小,其他无影响。

(二)微量元素对草莓的作用

1. 硼

硼虽然不是植物体内的结构成分,但对碳水化合物的运转、生殖器官的发育都有着重要作用。草莓早期缺硼的症状为:幼龄叶片出现皱缩和叶焦,叶片边缘黄色,生长点受伤害,根短粗,颜色暗。随着缺硼的加剧,有的老叶叶脉间失绿,有的叶片向上卷。缺硼植株花朵小,授粉和结实率降低,果实小,出现畸形或呈瘤状,种子多;有的果顶与萼片之间露出白色果肉,果实品质差,严重影响产量。

2. 锌

锌与叶绿素和生长素的形成密切相关。锌也是某些酶的组成成分,如谷氨酸脱氢酶等。成熟叶片进行光合作用与合成叶绿素,都需要有一定的锌。轻微缺锌的草莓植株一般不表现出症状。缺锌加重时,会出现较老叶片变窄,特别是基部叶片,缺锌越重,窄叶部分越伸长。但缺锌不会发生坏死现象,这是缺锌的特有症状。缺锌植株,在叶龄大的叶片上,往往出现叶脉和叶片表面组织发红的症状。严重缺锌时,新叶黄化,但叶脉仍保持绿色或微红,叶片边缘有明显的黄色或淡绿色锯齿形边。缺锌植株纤维状根多且较长,果实一般发育正常,但结果量少,果个变小。在沙质土壤或盐碱地上种植的草莓,易发生缺锌现象。

3. 铁

铁是许多重要酶的辅助成分。在呼吸作用中,铁起电子传递的作用。铁虽不是叶绿素的组成成分,但对维持叶绿素的功能,以及提高某些酶的活性,都是必需的。缺铁的最初症状是幼龄叶片黄化或失绿,但这还不能肯定是缺铁。当黄化程度进一步发展并进而变白,发白的叶片组织出现褐色污斑时,则可断定为缺铁。草莓中度缺铁时,叶脉(包括小的侧脉)转绿,这种绿色复原现象比较常见,可作为缺铁的特征。严重缺铁的症状是新成熟的小叶变白,叶片边缘坏死,或小叶黄化(仅叶脉绿色),叶片边缘和叶脉间变褐坏死。缺铁草莓植株的根系生长较弱。但缺铁对果实影响很小,即使是严重缺铁,也只是单果重略有降低。

4. 锰

锰能促进花粉发芽和花粉管生长,还能促进植物的呼吸作用和蛋白质的形成。缺锰时,叶绿素不易形成。但如果锰过多,又会减低植物体内有效铁的含量,引起失绿症,甚至产生毒害。缺锰的初期症状是新发生的叶片黄化,这与缺铁、缺硫与缺钼时全叶呈淡绿色的症状相似。缺锰进一步发展,则叶片变黄,有清楚的网状叶脉和小圆点,这是缺锰的独特症状。缺锰加重时,主要叶脉保持暗绿色,而叶脉之间则变成黄色,有灼伤,叶片边缘向上卷。灼伤会呈连贯的放射状,横过叶脉而扩大,这与缺铁时叶脉间的灼伤明显不同。缺锰植株的果实较小,但对品质无影响。

5. 铜

铜是植物体内某些氧化酶的组成成分,主要分布在植物生长较活跃的组织中。铜在植物体内含量极微。但是,缺铜会影响叶绿素的生成,阻碍碳水化合物和蛋白质的代谢。草莓缺铜的早期症状是未成熟的幼叶均匀地呈淡绿色,这与缺硫、缺镁和缺铁的早期症状类似。不久,叶脉之间的绿色变得很浅,而叶脉仍具明显的绿色,逐渐在叶脉和叶脉之间有一个宽的绿色边界,但其余部分都变成白色,这是草莓缺铜的典型症状。缺铜对草莓根系和果实不显示症状。

6. 钼

钼是植物体内硝酸还原酶的主要成分。这种酶的作用是把硝态氮转变成铵态氮，并进一步形成蛋白质。缺钼会阻碍糖类的形成，维生素 C 含量减少，呼吸作用减弱，抗逆性下降。草莓初期的缺钼症状与缺硫相似，不管是幼龄叶片或成熟叶片，最终都表现为黄化。随着缺钼程度的发展，叶片上面出现枯焦，叶缘向上卷曲。除非严重缺钼，一般缺钼不影响浆果的大小和品质。

（三）草莓缺素症的诊断及矫正

缺素症诊断，是根据田间肥料试验和控制性试验（如盆栽、水培）的结果，结合植株分析，并辅以土壤分析的数据，以判断分析样本植株当时的养分盈亏状况。对某种元素的诊断指标，是由出现症状的植株与正常植株的叶分析作比较，并在田间反复验证后，确定其缺素的临界浓度。实际上，植株出现缺素症状之前即已受害。

因此，草莓缺素诊断包括 3 个阶段指标，即出现缺素症状、潜在缺素和无缺素症状。临界浓度的测定值，介于出现缺素症状与不出现缺素症状之间，它包括了潜在缺素范围。由于草莓所处的立地环境条件不同，品种有差异，因此叶分析的测定值有一定变幅。

1. 缺素诊断要进行植株叶分析

单纯依靠草莓植株的外部症状来鉴别是否缺素，有时还不能做出正确的判断。其原因是有些元素的缺素症状，在早期的表现十分相似，如缺硼与缺钙、缺铁与缺锰等。当缺素进一步发展，植株显示出该元素缺乏的特有症状时，不但已遭受损失，而且矫治的效果也会受到影响。因此,需要早期诊断植株是否缺素,这就需要进行植株叶分析。叶分析是依赖现代仪器的分析技术,这样才能快速、准确地一次完成多种元素的数据分析。

叶分析作为鉴定作物营养状况的依据:一是叶片是植物进行光合作用的器官,植株营养状况的变化,在叶片的特定生育时期最能清楚地反映。二是叶分析测定的结果,与植株生长发育有显著的相关性。三是叶片取样只是植株的很小一部分,不会影响植株正常生长。分析用的草莓叶样,采自盛花期无病虫害、完整的与完全展开的最嫩的成熟叶片(不带叶柄),每株 1 片叶,共 40 片叶。采集的新鲜叶样,应放在纱布袋里带回试验室后,即应洗涤、干燥和磨碎,然后进行分析。

2. 草莓缺素的诊断指标

叶样氮、磷元素的测定,可采用常规方法。其他元素的测定,要借助于仪器分析。常用仪器如原子吸收分光光度计、火焰光度计等,这些仪器分析速度快,精确度高,一次可以同时测定多种元素的含量。草莓叶分析诊断的指示范围如表 5 所示。

表 5　草莓叶分析值的指示范围(干重)

元　素	临界浓度	指　示　范　围	
		有缺素症状	无缺素症状
氮(%)	2.8	2.0～2.8	3.0 以上
磷(%)	0.1	0.04～0.12	0.15 以上
钾(%)	1.0	0.1～0.5	1.0～6.0
钙(%)	0.3	0.2 以下	0.4～2.6
镁(%)	0.2	0.03～0.10	0.3～0.7

续表 5

元　素	临界浓度	指　示　范　围	
		有缺素症状	无缺素症状
硫(10^{-6})	1000	300～900	1000 以上
硼(10^{-6})	25	18～22	35～200
锌(10^{-6})	20	6～15	20～50
铁(10^{-6})	50	40 以下	50～3000
锰(10^{-6})	30	4～25	30～700
铜(10^{-6})	3	3 以下	3～30
钼(10^{-6})	0.5	0.12～0.4	0.5 以上

　　元素和元素之间的相互作用是多方面的,某一元素过量,不仅会引起养分失调,而且有的元素之间会产生拮抗作用。例如,氮素过量,会减少钙的吸收;磷肥过量,会引起植株缺锌;锰和铁、钾和钙之间,都有拮抗作用。钙肥施用不当,也会诱发锌、硼、铁的缺乏症。而施用磷肥又可增加钼的吸收,尿素与锌盐混施则能增加锌的吸收等。了解元素之间的养分平衡,对于指导生产施肥具有现实意义。

3. 草莓缺素的矫正措施

　　一旦叶分析诊断出缺素,即应及时矫正。其矫正的方法如下。
　　缺氮矫正。中国农业科学院果树研究所曾对缺氮的宝交早生草莓,每 667 米² 追施速效性氮肥 4 千克(纯氮)加以矫正。试验采用硝酸铵 11.5 千克进行土壤追肥,施后立即灌水,矫正效果明显。为防止草莓缺磷,可在栽植时每 667 米² 增施过磷酸钙 20 千克,随农家肥一起施入,或在植株开始出现缺磷症状时,每 667 米²

喷施 1%～3%过磷酸钙澄清液 50 升。缺钾的矫正方法是每 667 米² 施硫酸钾 6.5 千克左右。

防治草莓缺钙症,最好在栽植前向土壤增施石膏。一般每 667 米² 施用量为 35～70 千克,具体数量视缺钙程度而定。石膏如作追肥施用时,应减少用量。酸性土壤或年降水量多的沙质土壤,容易发生缺钙现象,应注意补充钙肥。

镁含量低于 0.1%的草莓植株,应施用速效性镁肥如硫酸镁,进行矫治。可在草莓定植前每 667 米² 施 4～8 千克,或在草莓栽植行每米追施 6.5～13 克。随着镁肥的被吸收,叶片枯焦现象会停止。

缺硼的草莓可叶面喷施硼肥液,施用浓度为 150～300 毫克/升。由于草莓对过量硼比较敏感,所以在花期喷施时,用量应减少 10%。严重缺硼的土壤,如华南花岗岩发育的红壤、北方地区含石灰的碱性土,应在草莓栽植前后土施硼肥,1 米长栽植行施 1 克硼即可。

常见的缺锌土壤有被淋洗的酸性土壤、碱土与地下水位高的土壤和土层坚硬有硬盘层的土壤。矫正缺锌,应在最初出现症状时即土施硫酸锌,1 米长栽植行的施用量为 2～3 克,施后灌水。叶面喷施锌肥对草莓的幼叶、花和果实会产生伤害,应慎用。

碱性土壤或酸性强的土壤,都易引起缺铁。防止缺铁,可在栽植草莓时土施硫酸亚铁或螯合铁,也可在刚出现缺铁症状时追施,1 米长栽植行施用量为 1～2 克。叶面喷施含铁化合物,容易对植株产生伤害,应事先经过试验,证明无害后才可施用。一般喷施浓度为 100～200 毫克/升。

锰是土壤中含量最高的微量元素,但锰的有效性受土壤条件的影响。一般说,土壤酸度增加,锰的有效性也增加。所以,缺锰主要发生在北方的石灰性土壤,如黄淮海平原、黄土高原等地。叶片锰含量小于 25 毫克/千克时,会出现缺锰症状。其矫正的方法是在草莓定植时土施硫酸锰,1 米栽植行的施量为 1～2 克,或在出现缺锰症状时,对草莓植株叶面喷施浓度为 80～160 毫克/升硫酸锰水溶液。在开花或大量坐果期不要喷施。

缺铜一般发生在石灰性沙土。缺铜的矫正方法是在定植前,每 1 米长栽植行土施硫酸铜 1～2 克,或根外喷施 75～160 毫克/升的含铜水溶液。

草莓缺硫,可结合施基肥时每 667 米^2 增施石膏 37～74 千克,或栽植前施于苗床,每 1 米栽植行的石膏施用量为 65～130克,相当于 12～24 克的施硫量。

据有关资料,我国土壤含钼量为 0.1～6 毫克/千克,平均仅 2毫克/千克,其中对植物有效的不过 10％。因此,即使在含钼较高的土壤(如腐殖土)施用钼肥,也有良好肥效。缺钼的矫正方法是,对怀疑为缺钼的植株,用 0.15％钼酸铵或钼酸钠的水溶液进行叶面喷施,或在草莓栽植时,每 1 米栽植行土施 0.065～0.13 克的钼酸盐。

此外,在盐渍化土壤上,草莓会受盐害,主要由氯和钠 2 种元素引起。氯化钠危害的症状是草莓叶片边缘产生同心的环状叶焦。当钠浓度大于 0.1％,或氯浓度大于 0.5％时,才有盐害。在盐渍化土壤上,也易发生缺铁、缺硼和缺锌现象。矫正措施是在出现盐害之前,种植者应全面掌握当地的土壤、气候、水质、地下水位和排水等情况,发现问题,即采取综合防治措施。

十一、草莓病虫草害及防治

(一)草莓病害及防治

1. 病毒病

(1)发生特点 草莓病毒病危害面广,是草莓生产上的重要病害。病毒病具有潜伏侵染的特性,植株不能很快表现出症状,所以生产上常被忽视。病毒病的发生及其危害已成为我国草莓生产上急需解决的问题。草莓病毒的侵染株率高达80.2%,其中单种病毒的侵染株率为41.6%,2种以上病毒复合侵染株率为38.6%。我国草莓病毒病主要有以下4种。

①草莓斑驳病毒 单独侵染草莓时无明显症状,但与其他病毒复合侵染草莓时,使病株严重矮化。此病毒由棉蚜和长毛钉蚜传染,还可通过嫁接和种子传播。

②草莓轻型黄边病毒 单独侵染时仅使病株轻微矮化,与其他病毒复合侵染时,会引起黄化或失绿,老叶变红,植株矮化,叶缘不规则上卷,叶脉下弯或全叶扭曲,严重减产。这种病毒也由蚜虫和种子传播。

③草莓镶脉病毒 单独侵染无明显症状,与其他病毒复合侵染后,草莓叶脉皱缩,叶片扭曲,同时沿叶脉形成黄白色或紫色病斑,叶柄也有紫色病斑,植株极度矮化。此病毒可由多种蚜虫传播。

④草莓皱缩病毒 该病毒有致病力强弱不同的许多株系。强株系侵染后,使植株矮化,叶片产生不规则的黄色斑点,叶片扭曲

变形。皱缩病毒与斑驳病毒复合侵染时,病株严重矮化,如再与轻型黄边病毒一起,三者复合侵染时,危害更严重。此病毒也由蚜虫传播。

我国草莓品种多数引自欧洲、北美,以及日本等地。这些地区的草莓上经常发生黄化型病毒病害。其中草莓绿瓣病和翠菊黄化病是草莓的毁灭性病毒病害,应防止传入。这2种病毒病主要由叶蝉传播,一般出现症状2个月内植株即枯死,染病幼苗定植后不久即死亡。绿瓣病的主要症状是花瓣变为绿色,并且几片花瓣常连生在一起,变绿的花瓣后期变红。浆果瘦小,呈尖锥形。叶片边缘变黄,植株严重矮化,呈丛簇状。绿瓣病还可通过大豆菟丝子传播,并能危害三叶草等多种植物。此外,还有一些类似病毒的病害,如丛枝病等。我国也已发现,但分布范围较小。

草莓病毒病不仅种类多,而且其他植物病毒,如树莓环斑病毒、烟草坏死病毒和番茄环斑病毒等,也能侵染草莓,并造成危害。传播草莓病毒的蚜虫约有20种。草莓受病毒病危害,一般减产30%左右。复合侵染时损失更大。

(2)防治方法 一是培养无病毒种苗,实行严格的隔离和检疫制度。从国外或发病地区引进种苗时,更应特别注意。在无病毒苗栽植区周围2千米以内,不能有老草莓园。二是及时防治蚜虫,以减少病毒的再侵染。在没有栽培过草莓的地区,繁殖匍匐茎苗。三是定期更新草莓,在病毒侵染率高的地区,每年更新1次无毒苗。一般3年须更新1次。四是进行土壤消毒,可用太阳能高温处理。五是草莓不与能使其感染病毒的茄科作物间作。六是选用抗病品种。不同草莓品种对某种病毒的抗性强弱有一定差异。据沈阳农业大学调查,如以红手套、全明星和明晶3个品种对轻型黄边病毒与斑驳病毒的感病率做比较,都是以红手套感病率较低,分别为6.67%和10%,全明星其次,为10%和16.6%,明晶较高,为16.7%和23%。

2. 灰 霉 病

(1) 发生特点 灰霉病是草莓的主要病害,分布很广,全国各地都有发生的报道。灰霉病是开花后发生的病害,在叶、花、果柄和果实上均可发病。叶上发生时,病部产生褐色或暗褐色水渍状病斑,有时病部微具轮纹。在高湿条件下,叶背出现乳白色茸毛状菌丝团。被害果柄呈紫色,干燥后细缩。被害果实外观不鲜艳,最初出现油渍状淡褐色小斑点,进而斑点扩大,全果变软,上生灰色霉状物(菌核)。该病的病原是灰霉菌。除危害草莓外,还侵害茄子、黄瓜、莴苣、辣椒和烟草等多种作物。在气温 20℃左右的高湿环境下,形成孢子,飞散蔓延。然而在 31℃以上高温、2℃以下低温和空气干燥时,不形成孢子,不发病。

露地栽培时,在多肥情况下,开花后多雨时危害严重。半促成栽培时,在多肥、密植及下部叶片没有摘除而过于茂盛时,如遇连续阴雨、湿度升高时,则发病快。特别是宝交早生和达娜等感病品种,发病更快。

(2) 防治方法 一是控制施肥量和湿度。不要栽植过密。二是及时摘除感病花序,剔除病果。越冬前,处理病叶残体后进行地膜覆盖,是降低越冬菌源、减轻病害发生的关键。因为草莓灰霉病菌主要以菌丝体方式在病株残体内越冬,越冬后产生分生孢子,飞散传播再侵染。所以,要认真做好这一项防治工作。三是选用抗病品种。东方系统的软果型品种比欧美系统品种易感病。进行品种选择时,要注意这种情况。四是从花序显露至开花前,喷等量式波尔多液 200 倍液。发病严重时,间隔 10 天喷 1 次,直到盛果期。也可喷 50％腐霉利可湿性粉剂 800 倍液,或花前喷 65％代森锌可湿性粉剂 800 倍液。浙江慈溪市农林局采用 1％武夷菌素水剂150 倍液防治灰霉病,也取得较好效果。日本用多抗霉素、抑菌灵和克菌丹等药剂防治该病,也可借鉴。

3. 白 粉 病

(1)发生特点　白粉病为草莓常见病害。保护地因温度条件适合病原菌繁殖生长,加之空气湿度又较高,故保护地草莓比露地栽培草莓发病更严重,甚至导致死苗。此病在我国东北地区发生较多。主要危害叶片,也可侵害叶柄、花、花梗及果实。叶片被害后,发生大小不等的暗色污斑,随后叶背斑块上产生白色粉状物,后期病斑呈红褐色,叶缘萎缩、枯焦。幼果受害后,停止发育,以至干枯。后期果实受害,表面覆有一层白粉,严重影响浆果质量。此病在整个生长季节可不断发生。在温度15℃～25℃的范围内蔓延很快。其病原菌孢子活动的适温在20℃左右,属低温性病菌。因此,在盛夏高温季节不发生此病。白粉病的病菌主要靠空气传播。不同品种对白粉病的抗性有差异。达娜品种不抗该病,丽红品种也易感染此病,宝交早生品种对此病则抗性较强。

(2)防治方法　一是冬春季清扫园地,烧毁腐烂枝叶。二是适当加大株、行距,使园地通风良好。雨后注意排水。三是控制施用氮肥。选用抗病品种,如宝交早生、哈尼和群星等。四是初期发现发病中心,可将病叶剪掉烧毁,并在发病中心及其周围重点喷25%三唑酮可湿性粉剂3 000倍液,或30%氟菌唑可湿性粉剂2 000倍液进行防治。开花后不要喷药,可用45%百菌清烟剂熏治,每667米² 用量为250克左右。

4. 叶 斑 病

(1)发生特点　叶斑病又称蛇眼病,主要危害草莓叶片,也侵害叶柄、匍匐茎、花萼、果实和果梗。开花结果前,开始轻度发病。果实采收后才危害严重。此病在我国草莓栽植区都有不同程度地发生。开始病叶上产生紫红色小斑,随后扩大成2～5毫米大小的圆形病斑,边缘为紫红色,中心部为灰白色,酷似蛇眼,故名蛇眼病。病斑过多会引起叶片褐枯。叶斑病大量发生时,会影响叶片光合作用,植株抗寒性和抗病性降低。叶斑病的病原菌分有性世代和无性世代,属半知菌类。病原菌在枯枝落叶上越冬。翌年春季,分生孢子借空气传播蔓延。

(2)防治方法 一是同白粉病防治。二是初期发现少量病叶时,应及早摘除。发病重的地块,在采收后全园割叶,随后中耕除草,施肥灌水,促使早发新叶。三是喷药防治。在花序显露至开花前,喷施等量式波尔多液 200 倍液,或与 50% 多菌灵可湿性粉剂 600 倍液交替使用。

5. 褐 斑 病

(1)发生特点 褐斑病又称叶枯病,是重要叶病。在我国草莓栽培地区时有发生,个别地区发生较严重,如浙江杭州、湖南长沙等地。此病易与叶斑病混淆。主要危害叶片和果梗,叶柄也可染病。受害叶片最初出现红褐色小点,以后逐渐扩大呈圆形或近椭圆形斑块,中央呈褐色圆斑,圆斑外为紫褐色,最外缘为紫红色,病、健部交界明显,病斑直径为 1~3 毫米。后期病斑上可形成褐色小点(为病菌分生孢子器),多呈不规则轮状排列。几个病斑融合在一起时,可使叶组织大片枯死。病斑在叶尖、叶脉上发生时,常使叶组织呈"V"形枯死。其病原为凤梨草莓褐斑病菌,在温度为 20℃~30℃时可以发病。在此温度范围内,雨水多会使病害急剧发生。在北方地区,6~8 月份为发生盛期。

(2)防治方法 一是培育健壮草莓苗,控制氮肥施用量。二是上年栽草莓时,用 40% 甲基硫菌灵可湿性粉剂 500 倍液浸苗 20 分钟,可减少翌年发病病源。三是及时摘除病叶,冬春季烧毁腐烂枝叶。四是药剂防治同叶斑病。

6. 立枯病

(1)发生特点 立枯病又称芽枯病。在陕西临潼、武功等地发现有草莓立枯病。此病多发生在春季,主要症状是新生芽出现青枯,随后变成黑褐色而枯死。枯死叶下垂。芽枯部位有霉状物产生,且多有蛛网状白色或淡黄色丝络形成。其他症状有新叶呈青枯状、萎蔫。展开叶较小,叶柄带红色,从茎叶基部开始褐变,根部无异常变化。立枯病菌在土壤中腐生性很强,是多种作物的根部病害。除草莓外,还危害棉花、大豆和蔬菜等。病菌发育适温为22℃~25℃。病原菌在茎、叶上越冬。如无合适寄主,可在土壤中存活2~3年。

(2)防治方法 一是尽量避免在发病地块育苗和栽植。如不得不栽植时,应进行土壤消毒。二是及早拔除病株。栽植不能过密,灌水时要防止水淹。三是保护地栽培时,要注意及时换气。四是药剂防治。可从现蕾期开始,喷 10% 多抗霉素可湿性粉剂1 000 倍液,或 10% 立枯灵水悬剂 300 倍液。露地喷 2~3 次,保护地喷 3~5 次,间隔期为 1 周。也可用敌菌丹可湿性粉剂 800 倍液喷 5 次左右。

7. 轮斑病

(1)发生特点 此病在吉林、陕西和福建等地的草莓栽植地多有发生,是草莓的重要病害。病菌侵害叶和叶柄。叶片上产生的紫红色圆形或椭圆形病斑,微具轮纹。病斑扩大后,中心部分出现紫褐色坏死。较大病斑有清晰的轮纹,周围为紫褐色,常破裂、枯死。枯死叶上有黑色孢子堆颗粒。叶柄上的症状为红紫色长椭圆形病斑。严重发生时,叶片大量枯死。病原为凤梨草莓轮斑病菌。轮斑病属高温病害,在 28℃~30℃ 时发生严重。病菌在叶柄上越冬,依靠空气传播,在高温多雨情况下,常会大发生。轮斑病和假轮斑病的田间症状不易区别。但后者属低温病害,温度在 28℃ 以上时极少发生。

(2)防治方法 一是同白粉病防治方法的前两项。二是保护地栽培时,注意通风透气,控制土壤湿度。三是培育壮苗,选用戈雷拉、紫晶等抗病品种。四是药剂防治,可喷施敌菌丹可湿性粉剂 800 倍液预防,也可参照叶枯病的防治方法喷药。

8. 革腐病

(1)发生特点 革腐病是草莓的重要果实病害。绿果受害后,病部变为褐色至深褐色,以后整果变褐,呈皮革状。成熟果受害后,病部变成黄白色,后期果实呈革腐状。在高湿条件下,病果表面有白色霉状物,果肉呈灰褐色,以至腐烂。病果有一种令人作呕的腥臭气味。干燥时,患病果变成僵果。制果酱或果冻时,若混入轻微感病果,会使加工品产生苦味。该病为土传真菌病害,病菌以卵孢子在患病僵果在土壤中越冬,有很强的抗寒能力。病菌入侵需要水分,入侵最适温度为 17℃～25℃。高湿和强光照是其发病的重要条件。该病在甘肃、新疆和沈阳等地发生较重。

(2)防治方法 一是选择排水和通风良好的地块种植草莓。二是实行地膜覆盖栽培。三是避免过多施用氮肥。四是及时采收果实,防止碰伤,淘汰病果。五是降水过多时,应及时排水。灌水时间应选择在 10～14 时,以使果实和叶片表面上的水分能迅速干燥。六是发病前,喷施代森锰锌、百菌清或克菌丹 500 倍液,并清除田间病僵果。发病初期,喷施 25％多菌灵可湿性粉剂 300 倍液,或 25％甲霜灵可湿性粉剂 1 000～1 500 倍液,有显著防效。

9. 黄萎病

(1)发生特点 感病植株地上部生长不良。新长出的幼叶表现畸形,即 3 片小叶中有 1～2 片小叶明显狭小,叶色变黄,表面粗糙无光泽。之后,叶缘变褐,向内凋萎,甚至枯死。根系变成黑褐色。此病为土壤真菌性病害,病原是黄萎病菌,为单一寄主寄生,属高温型(28℃),地温 20℃以上易发病,温度越高寄主被害越重。连作、土壤过干或过湿均易发病。病菌在土壤中能以厚垣孢子的形式长期生存。除病株传病外,土壤、水源与农具都能带菌传播。此病在辽宁省丹东地区已成为严重病害。

(2)防治方法 一是药剂防治。在草莓栽植前后,用 0.2%苯菌灵液滴灌土壤,当年和翌年都有明显效果。此药防治草莓叶斑病和灰霉病也有效。二是采用抗病品种,如马塞尔、帝国、卫士、石桌一号、全明星、新红光、美德莱特和章姬等。三是其他措施,同草莓红中柱根腐病的防治方法。

10. 草莓红中柱根腐病

(1)发生特点 病株比较明显地集中在低洼地块。植株感病初期,根的中心柱呈红色或淡红褐色,然后变为黑褐色而腐烂。地上部先是基部叶的边缘开始变为红褐色,再逐渐向上凋萎枯死。其病原菌是草莓红中柱根腐疫霉菌。该菌是单一寄主寄生,属低温型,由病株、土壤、水和农具带菌传播。孢子在土壤中越夏。当地温在 20℃以下,卵孢子发芽,从草莓根部侵入。在地温 10℃左右、土壤水分多时,则发病严重;地温在 25℃时,即使水分多,发病也少。在气候冷凉和潮湿土壤条件下,此病已成为当地草莓生产的毁灭性病害,如日本和我国丹东地区。

(2)防治方法 一是定植前用 50%乙铝·锰锌可湿性粉剂浸苗。二是进行土壤消毒。可在草莓采收后,将地里植株全部挖除后翻耕土壤,并整成畦或垄。在炎热高温季节,对畦(垄)面用透明塑料薄膜覆盖 1 个月左右,使地温上升至 50℃左右,起到土壤消毒作用。三是选用抗病品种,如红太后、全明星、早红光、戈雷拉和红冈特兰德等,对红中柱根腐病具有较强的抗性。四是不采用感病苗。草莓新发展区不要从该病重病区引种。五是加强管理,及时摘除贴地面的老叶,防止灌溉水和农具等传病。增施农家肥,培育壮苗。

11. 炭疽病

(1)发生特点 该病一般于7～9月份高温季节发生,在育苗期及定植初期危害较重。连作地、涝洼地发病重。丰香品种植株比宝交早生品种植株易发病。草莓的叶片、叶柄、匍匐茎、花瓣、萼片和浆果都可受害。株、叶受害大体可分为局部病斑和全株萎蔫2种症状。局部病斑在匍匐茎上最易发生,病斑长3～7毫米。初为红褐色,后变成黑色溃疡状,稍凹陷。病斑包围匍匐茎或叶柄整圈时,病斑以上部位枯死。萎蔫形病株初起时,病叶边缘发生棕红色病斑,后变为褐色或黑色。发病较轻时,白天叶片萎蔫傍晚仍能恢复。发病重时,几天后植株即枯死。掰断茎部,可见病状是由外向内逐渐变成褐色或黑色的。拔起染病植株,可见细根新鲜,主根基部与茎交界处部分发黑。

(2)防治方法 一是炭疽病还侵染甜椒和番茄等茄科作物,故不要将草莓与这些作物间作、套种或轮作。二是石莓2号、硕丰、春蜜1号、春星、枥乙女和申旭1号等草莓品种,对炭疽病有抗性,可从中选择种植。三是药剂防治。可选用70%甲基硫菌灵可湿性粉剂800～1 000倍液,或50%多菌灵可湿性粉剂600倍液,或40%双胍三辛烷基苯磺酸盐1 000倍液或克菌丹等农药,进行喷雾防治。

12. 黑霉病

(1)发生特点 黑霉病主要危害果实。被害果实开始为淡褐色水渍状病斑,继而软化腐烂,长出灰色绵状物,上生颗粒状黑霉(菌丝体和子实体)。此病在吉林省公主岭、陕西省杨凌、重庆市和河南省等地都有发生的报道。草莓采收后,如不及时处理,就会大量腐烂。贮藏期尤甚。此病也危害桃果,还可引起甘薯软腐。

(2)防治方法 一是限制草莓连作,进行土壤消毒。二是培育壮苗,及时摘除病果。三是采果前连续喷布保护性杀菌剂,如波尔多液 200 倍液,或 27%高脂膜乳剂 80～100 倍液,或 2%武夷菌素水剂 200 倍液,重点喷布果实。对成熟期果实可喷布 0.1%高锰酸钾溶液。四是在感病区,不要将草莓与桃、甘薯间作。

13. 枯 萎 病

(1)发生特点 枯萎病又称萎缩病。草莓感染此病后,叶片变小,叶柄变短,叶片卷曲或呈波状。全株矮化,生长势衰弱,叶片无光泽,植株生长参差不齐,产量严重降低。发病重时,植株部分或全部变褐,下部叶片变为红紫色,全株枯死。枯萎病在江西省宜春和陕西省华县等地已有发生。其病原已查到多种。大多由病毒引起,也可由腐霉菌、镰刀菌和立枯丝核菌引起。陕西分离出的病原菌为枯萎菌草莓专化型,属半知菌类丛梗孢目,瘤座孢科。它的厚垣孢子存在于土壤中,是该病的侵染源。

(2)防治方法 一是栽种无病毒秧苗,不在患病田里引种草莓苗。二是更新草莓,不连作,采用抗病品种,如春香、丽红、静宝和红冈特兰德等品种。三是彻底拔除病株烧毁。四是对栽种草莓的苗床覆盖透明塑料薄膜,使地温升高,达到消毒的目的。五是定植前,用 50%甲基硫菌灵可湿性粉剂 1 000 倍液,浸苗根部 5 分钟后再栽植。进行药剂防治时,采用 50%多菌灵或 80%代森锰锌可湿性粉剂 500 倍液喷施。

14. 草莓黏液霉菌病

(1)发生特点 此病近年来有发展蔓延趋势,尤以河北省保定地区更甚。春季结果盛期和秋季多雨时易发生,危害草莓茎、叶、叶柄和果实。发病初期,受害部位布满黏液体。随后,产生排列整齐的黄色圆柱形粒状物。病部可滋生其他杂菌,使茎、叶和果实变为黑褐色。在干燥条件下,发病部位产生灰白色粉末状硬壳,植株枯死,果实腐烂。此病的病原为腐生性黏菌,以孢子形态存活。该菌也可危害草丛。

(2)防治方法 一是草莓定植前,清除病残体,平整地面,防止低洼处积水。二是及时换苗或更换田块,避免栽植过密。尤其是大棚草莓,栽植过密会加重危害,要加以避免。三是培育壮苗,增强植株的抗病性。四是药剂防治。可在秋季和草莓结果初期,结合叶斑病的防治,施用克菌丹可湿性粉剂和多菌灵可湿性粉剂等药剂 600~800 倍液,喷布 2~3 次,可兼治此病。

15. 草莓疫霉病

(1)发生特点 疫霉病的症状是果实成熟时发生腐烂。病果表面无光泽,有灰褐色水渍状病斑,湿度大时病斑上长出一层白色霉状物,果肉呈灰褐色,腐烂,有难闻的腥臭味。干燥时,病果干缩成褐色僵果。此病是由苹果疫霉病菌侵染引起,在新疆等地已造成危害。

(2)防治方法 一是疫霉菌随水传播,田间湿度大时有利于侵染。宜用井水细流沟灌草莓植株。在果实成熟期,要控制灌水量。降水多时,要及时排水。要消除侵染源。二是选疏松肥沃土壤种草莓,采用高垄和地膜覆盖栽培。

16. 草莓果实白化病

(1)发生特点 草莓园内,经常会发现有的浆果呈白色或淡黄白色,或者果面有一部分明显白化,其界限非常清楚,这就是草莓果实的白化病,或称"白化现象"。感染白化病的草莓浆果,通常大小正常,但没有颜色,没有味道,果软,外观差,并且很快腐烂。果实内部呈杂色、粉红色和白色。浆果表皮上的种子被红色环绕,红色以外即为白色果肉。白化病几乎所有的草莓品种都可发生。一般说美国品种比日本品种更易感染。可溶性固形物含量高的草莓品种,发生此病较少。在结果高峰之前,如果气候温暖,接着又遇阴雨天气,则容易发生此病。白化病的病因,目前尚不清楚。已查明它不是由病原菌引起,而是由环境因素和生理失调造成的。初步认为,白化病是氮肥过量,植株生长旺盛,坐果多而叶片生长不良,草莓栽植前后天气寒冷,或者品种不适应当地气候,果实在结果期光照不足、湿度过大等原因所引起。

(2)防治方法 一是选择适应当地气候条件的草莓品种进行栽培。二是不要过量施用氮肥。氮肥最好在植株刚需要时施用,并注意同时补充磷、钾肥。三是加强田间管理,并将棚室内的温湿度和光照调整适当。

(二)草莓害虫及防治

1. 红 蜘 蛛

(1)发生特点 红蜘蛛又称为螨。危害草莓的红蜘蛛有多种。其中最重要的有二点红蜘蛛(又称二点叶螨)和仙客来红蜘蛛 2种。二点红蜘蛛的寄主植物很广,有 100 多种,如棉花、大豆、苜蓿、玉米、茄子、西瓜、芝麻和多种杂草。各种寄主植物上的红蜘蛛,可以相互转移危害。1 年可发生 10 代以上,以雌性成虫在土中越冬。翌年春天产卵。幼虫孵化出壳后即开始活动危害。在高温干燥气候条件下,繁殖极快,在短期内可造成很大的损失。仙客来红蜘蛛主要危害温室草莓,也危害田间草莓。

两种红蜘蛛危害都是在草莓叶背吸食汁液。被害部位最初出现小白斑点,后现红斑,严重时叶片呈锈色,状似火烧,植株生长受抑,严重影响产量。红蜘蛛成虫无翅膀,通过风、雨、调运种苗以及人体、工具等途径,传播扩散。

(2)防治方法 一是草莓生长前期,红蜘蛛在植株下部老叶上栖息密度大,危害重。这一时期,采用摘除老叶和枯黄叶的方法,将有虫、病的残叶带出地外烧掉,以减少虫源。二是利用红蜘蛛的天敌草蛉等进行防治,效果显著,生产上可大力推广。三是药剂防治,可用1.8%阿维菌素乳油5 000倍液,或5%噻螨酮乳油1 500倍液,或20%双甲脒乳油1 500倍液,喷布叶片。喷药时,叶片背面也要喷到。

2. 蚜 虫

(1)发生特点 俗名腻虫。危害草莓的蚜虫有多种,其中最主要的是棉蚜和烟蚜(桃蚜)。棉蚜体色绿、无光泽,寄生于草莓全株,但以叶、花和心叶为多。蚜虫不仅是吸取植株体汁液,使草莓的生长发育受阻,更大的危害是传播草莓病毒病。两种蚜虫除危害草莓外,烟蚜还是十字花科蔬菜的主要害虫。冬季在草莓、蔬菜、油菜植株根际土壤中越冬。棉蚜为转移寄主型,以卵在花椒、夏至草和车前草等植物上越冬,翌年春季天气转暖后繁殖危害。蚜虫可全年发生,1年发生数代,1头成虫可以繁殖20~30头幼虫,繁殖力相当高。其危害高峰期在高温季节。

(2)防治方法 一是及时摘除老叶,清理田间,消灭杂草。二是从春季至开花前,应喷药防治1~2次。可用40%乐果2 000倍液,或50%抗蚜威可湿性粉剂2 000倍液,或1%苦参碱水剂1 000倍液,喷施防治。三是开花后可于夜间密闭棚室,点燃熏蚜1号,进行熏蒸。

3. 盲 蝽

(1)发生特点 此虫食性杂,寄主多,种类也多。有牧草盲蝽、绿盲蝽和苜蓿盲蝽等。在草莓栽培地区,都有该虫危害。危害草莓的主要是牧草盲蝽。其成虫仅 5～6 毫米长,是一种古铜色小虫。它用针式口器刺吸幼果顶部的种子汁液,破坏其内含物,形成空种子,使果顶不发育;而且空种子密集,形成畸形果。严重影响果实的鲜食与加工质量。

(2)防治方法 一是清除园地内外杂草,减少虫源。二是对发生严重的小片园地,可在春秋季进行人工捕杀。三是春季发现成虫时,喷 1 次 40％乐果乳油 800～1 000 倍液,或 2.5％高效氯氟氰菊酯乳油 2 000 倍液。必要时,可在花后再补喷 1 次。

4. 草莓地下害虫

(1)发生特点 草莓地下害虫主要包括蛴螬、蝼蛄、地老虎和金针虫。蛴螬是鞘翅目金龟甲科幼虫的总称,它是草莓的重要地下害虫,常食害草莓幼根或咬断草莓新茎,以至造成死苗,也有食害果实的现象。蝼蛄食地下根系,咬食靠近地面的果实,使受害果实失去食用价值。地老虎为鳞翅目夜蛾科,其成虫有趋光性,幼虫食性很杂,常咬断草莓新茎,将靠近地面的果实吃成孔洞。金针虫是鞘翅目叩头甲科幼虫的总称,也是农作物的重要地下害虫,其成虫统称叩头虫。幼虫细长,黄褐色,体坚韧光滑,在土中的活动比蛴螬灵活,除咬食草莓新茎外,也蛀入果实内危害。

(2)防治方法 一是栽植前进行翻地,栽植后在春、夏季多次浅耕,以消灭土面卵粒。二是清除园内外杂草,予以集中烧毁,以消灭草上的虫卵和幼虫。三是发现秧苗萎蔫时,可在附近挖出地老虎或蛴螬,或在清晨进行人工捕杀。四是利用成虫的趋光性,于成虫发生期,在产卵之前用灯光诱杀。五是发现有地下害虫时,可撒毒饵防治。毒饵配制是用 90％晶体敌百虫 50 克,对水 1～1.5升,拌入炒香的麦麸或饼糁 2.5～3 千克,也可拌入切碎的鲜草 10千克。撒毒饵时,不能使毒饵接触草莓果实。六是生长期有地下害虫危害时,可每 667 米^2 用 50%辛硫磷乳油 200～300 克,对水 500～750 升,配成药液灌垄、灌根。也可喷施相同倍量的 50%辛硫磷或 50%杀螟硫磷乳油,进行防治。

5. 草莓芽线虫

(1)发生特点　寄生在草莓芽上的线虫,主要是草莓线虫和草莓芽线虫,一般都称草莓芽线虫。体长为 0.6～0.9 毫米,体宽 0.2 毫米左右。植株受害轻时,新叶歪曲畸形,叶色变浓,光泽增加;受害严重时,植株萎蔫,芽和叶柄变成黄色或红色,可见到称为"草莓红芽"的症状。受线虫危害的植株,芽的数量明显增多。危害花芽时,使花蕾、萼片以及花瓣变成畸形;严重时,花芽退化、消失,或坐果差,显著减产。我国广西玉林等地已发现草莓有线虫危害。

(2)防治方法　一是线虫主要靠被害母株发出的匍匐茎传播,因此绝不能从被害母株上采集匍匐茎苗。从外地引种时,要特别注意,不要引进病株。二是草莓芽线虫的寄主有三叶草、狗尾草等,栽植地一定要将其清除掉。丰香、春香是抗线虫的品种,可选择栽培。三是育苗过程中,发现有受害苗,应及早拔除烧毁。四是被害植株上的线虫,可借雨水或灌溉水转移,故发病田块不宜连作,要耕翻换茬。药剂防治在草莓花芽被害前,喷施 80%敌百虫可溶性粉剂 500 倍液,或 50%硫磺悬浮剂 200 倍液进行防治。在秋季育苗期喷施 3～4 次,间隔 7～10 天。芽的部位一定要喷到药。

6. 草莓象鼻虫

(1)发生特点　该虫春季危害草莓叶片和花朵。它在花蕾中产卵后,咬伤花梗,使花蕾垂下干枯,造成减产。成虫灰黑色,体长 2～3 毫米。在叶下或土内越冬。此虫在河南省一些草莓园已造成危害。

(2)防治方法 一是早春清除枯叶杂草,消灭越冬成虫。及时摘除并烧毁受害花蕾。发现成虫随时捕杀。二是药剂防治,喷施50%马拉硫磷乳油1000倍液,或40%毒死蜱乳油2000倍液。受害严重地块,还可用50%辛硫磷乳油400倍液,顺行浇灌后覆土盖严。采收草莓前3周停用。

7. 青叶蝉

(1)发生特点 青叶蝉又名大绿浮尘子,属同翅目叶蝉科。此虫除危害草莓外,也危害苹果、梨、桃和杏等果树。成虫头黄色,顶部有2个黑点。前胸前缘黄绿色,其余部分深绿色。前翅尖端透明,后翅及腹背黑色,足黄色。1年发生3代。以卵在树干和枝条表皮下越冬。翌年4月份若虫孵出后即危害。此虫在沟渠和杂草茂盛的草莓园发生较重。

(2)防治方法 一是对间作有草莓、而草莓发生青叶蝉虫害严重的苹果园、梨园内的果树,在成虫产卵前,将木本果树涂白,阻止该虫产卵,并消灭越冬虫卵。二是于成虫发生期,设置黑光灯诱杀成虫。三是大量发生时,可喷施40%乐果乳油1000倍液,或50%辛硫磷乳油1000倍液杀灭该虫。采收草莓前3周,应停用农药。

8. 金龟子

(1)发生特点 金龟子是蛴螬的成虫,危害多种果树和农作物。危害草莓的主要是铜绿金龟子。金龟子多在晚间活动,咬食叶片,也危害嫩芽,取食花蕾和果实。该虫1年发生1代,以末龄幼虫在土内越冬。发生盛期多在夏季。该虫有假死习性,对黑光灯有强烈趋性。

(2)防治方法 一是在植株上和地面土缝中,进行人工捕捉。二是于傍晚19～21时,在果园边点火堆诱杀。也可利用黑光灯诱杀。据试验,如果在黑光灯旁边再并联一支日光灯,诱虫效果可大大提高。三是在发生危害期,用 50％辛硫磷或马拉硫磷乳油 1 000 倍液喷施防治。四是防治蛴螬。

9. 野蛞蝓

(1)发生特点 野蛞蝓为陆生软体动物,属腹足纲蛞蝓科(图 12)。

图 12　野蛞蝓

常生活在农田、菜窖、温室、草丛以及住宅附近的下水道等阴暗潮湿、多腐殖质的地方。它一般白天潜伏,晚上咬食植物的幼芽、嫩叶与果实等部位。保护地栽培草莓,由于环境条件适宜,使该虫大量繁殖。草莓果实被咬食后,常造成孔洞。野蛞蝓能分泌一种黏液,黏液干后呈银白色。所以,草莓即使未被咬食,凡该虫爬过之处,果面均留有黏液痕迹,令人厌恶,其商品价值也大大降低。

(2)防治方法 一是在大棚栽培草莓,采用高畦(垄)种植、地膜覆盖和破膜提苗等措施,以减少野蛞蝓危害机会。二是基肥不能施用未腐熟的农家肥。三是该虫白天多在距地表 5 厘米以内的土壤中潜伏,而且在黏土地较多。根据这一特性,可做好虫情测报工作。四是草莓未坐果前,如发现该虫,可用 2.5％溴氰菊酯乳油 3 000 倍液,或 20％氰戊菊酯乳油 8 000 倍液,喷洒地面进行防治。但草莓坐果后,不要喷洒,只能将上述药液浇灌在植株附近的土壤中,不能使果实触及药液。

10. 草莓花弄蝶

(1)发生特点 草莓花弄蝶为鳞翅目弄蝶科害虫。被害草莓植株叶片残缺不全,严重的仅剩叶柄,植株明显矮小,影响开花结果和繁苗。此虫 1 年可发生数代。在苏南地区为 3 代。以蛹越冬,翌年 4 月底羽化的成虫,产卵于草莓顶端、嫩叶及叶柄上。初龄幼虫卷嫩叶边做成小虫包,或在老叶的叶面吐白丝做成半球形网罩,幼虫躲在其中取食叶肉。成长的幼虫可在草莓上缀合多个叶片,构成不规则的大虫包,将头伸出取食。三龄幼虫每天可吃掉 1 片以上单叶,一生多次转包。

(2)防治方法 一是利用幼虫结包和不活泼的特点,进行人工捕杀。二是保护蜘蛛、蓝蟒和寄生蜂等天敌。三是消灭此虫的野生寄主,如绣线菊和托盘(一种悬钩子属的半灌木)。四是药剂防治。可选用 90% 晶体敌百虫 800 倍液,或 2.5% 溴氰菊酯乳油 2 000 倍液喷施。

11. 草莓毛虫类

(1)发生特点 在江苏、浙江、陕西和北京等地,已发现有多种体披长毛和体色不同的鳞翅目幼虫(俗称毛虫),对草莓造成危害。其中尤以梨剑纹夜蛾和肾纹毒蛾为甚。寄主范围广,发生量大,危害时间长。如梨剑纹夜蛾的寄主,有苹果、梨、桃、梅与杏等果树,还有麦类、玉米和花生、蔬菜、豆类等农作物,以及蓼、萹蓄等杂草。草莓从春季开始生长至越冬前,均可受害。幼虫喜食草莓嫩叶、花蕾、花朵和幼果,咬断花序和果梗。1 只中老龄幼虫,每天可吃掉 1~3 片单叶,大发生时,有的田块几乎无完整好叶。

(2)防治方法 一是越冬前彻底清园,消灭潜藏在杂草、枯枝落叶中的越冬虫源。二是结合田间管理,及时摘除基部老叶及叶背上的卵块、幼虫团,把幼虫消灭在发生危害之前。三是保护利用天敌,如舞毒蛾、黑瘤姬蜂、蜘蛛和蓝蟒等。四是选用高效、低毒、低残留的有机磷类和拟除虫菊酯类农药,进行常规剂量喷施,可收到良好防效。

12. 草莓叶甲

(1)发生特点 叶甲分布广,是危害草莓的主要害虫。以成虫在地表下 5～10 厘米土层内及枯枝落叶下越冬。翌年春季气温 10℃以上时,越冬成虫出土活动,取食叶片。不久后交尾、产卵、孵化幼虫。1 年可发生多代,危害时间长达半年以上。幼虫只食害叶肉,被害处仅剩细叶脉,呈纱网状或孔洞,被害叶上可见到白色卵块。危害严重时,可将草莓叶片嚼食殆尽,严重影响植株生长,甚至死亡。

(2)防治方法 一是消灭草莓园内蓼属、酸模属等杂草,因为这些杂草也是该虫的寄主。二是在产卵盛期(5 月份),把草莓植株底部的枯老叶摘除烧毁,以消灭大量卵块,减少虫源。三是药剂防治应在越冬代成虫盛发期(4～5 月份),喷施 25％辛硫磷微胶囊水悬液 1 000 倍液,或 2.5％溴氰菊酯乳油 2 000 倍液。在虫量较大的地方可撒施 5％辛硫磷毒土,每 667 米² 用药量为 2～2.5 千克,注意不要将毒土撒在草莓叶上。毒土配制方法是将原药 1 千克,加水 1 升,与过筛的细干土混匀,配制成有效成分为 5％的毒土,如为 40％乳油则加细干土 8 千克。

13. 白粉虱

(1)发生特点 白粉虱又称小白蛾。其成虫体长 1～1.5 毫米,淡黄色,有 2 对翅膀,上覆白色蜡粉,双翅合拢时呈屋脊状,形如蛾子。该虫是北方温室大棚的重要害虫,1 年发生 10 余代。冬季以各种虫态在棚(室)内越冬。成虫羽化后 1～3 天,即可交尾产卵。适宜的繁殖温度为 18℃～21℃。危害草莓的白粉虱有多种,以温室白粉虱危害最严重。其寄主有苜蓿、菜豆、茄子、黄瓜、葡萄、豌豆、番茄、辣椒及多种观赏植物。

白粉虱的成虫和若虫群集于叶背,刺吸汁液,使叶片生长受阻,植株不能正常生长发育。该虫能分泌大量糖蜜,堆积在叶面和果实上,导致烟霉菌大量生长,引起煤污病发生,严重影响叶片光合作用和呼吸作用,造成叶片萎蔫,甚至整株死亡。雌成虫喜欢在顶部嫩叶的背面产卵。雌虫还可进行孤雌生殖,但其后代全为雄性,繁殖速度很快。

(2)防治方法 一是白粉虱对黄色有强烈趋向性,故可用黄板诱杀成虫。二是在若虫期,人工释放丽蚜小蜂寄生于虫体,防效显著。三是实施药剂防治。用10%噻嗪酮乳油1 000倍液,或25%灭螨猛乳油1 000倍液,或10%吡虫啉可湿性粉剂5 000倍液,喷施植株,毒杀白粉虱。

14. 斜纹夜蛾

(1)发生特点 斜纹夜蛾为夜蛾科害虫,分布面广。其危害的作物包括草莓、葡萄、苹果、梨和蔬菜等290余种。成虫体长14~20毫米,深褐色,翅展35~40毫米。前翅灰褐色,后翅白色,前翅上有数条灰白色斜纹交织,其间有环状纹和肾状纹。该虫在华北1年发生3~4代,在长江流域1年发生5~6代,在华南可全年发生。成虫昼伏夜出,对黑光灯和糖蜜气味有较强趋性。喜在生长茂密的田里产卵于边际作物的叶背上。幼虫多群集于卵块附近取食叶片。三龄以后分散危害,危害时间都在傍晚。适宜的发育温度为28℃~30℃,主要危害期在夏季。8月下旬前后,取食育苗圃的草莓叶片,也取食花蕾、花朵及果实,严重时仅留下光秃的叶柄。促成栽培时,若栽植地存在斜纹夜蛾的幼虫,则冬季棚内加温后危害更重。老熟幼虫在1~3厘米深的表土内化蛹。土壤板结时,可在枯叶下化蛹。

(2)防治方法 一是清除田间及地边杂草,人工灭卵或捕杀低龄幼虫。二是采用糖蜜和黑光灯诱杀。三是防治的关键是对一至二龄幼虫期施药毒杀。可用5%氟啶脲乳油2 000倍液,或用多虫清 2 000 倍液,也可用虫瘟 1 号 1 500 倍液喷施。对三龄以后的幼虫,宜在傍晚喷药消灭,因为高龄幼虫喜在晚间活动。

(三)草莓病虫害的综合防治

要促进草莓业发展,就要针对市场的变化,及时对生产结构进行调整。我国已加入 WTO。为了与国际市场接轨,扩大草莓出口外销,就必须生产安全、卫生、营养高的绿色食品和有机食品。对草莓病虫害的防治,应该按照国家的有关标准,采取综合防治的措施。

草莓受病虫危害的株率,一般在 20％左右,严重的超过 50％。综合防治的原则是:以生物防治为核心,以农业防治为基础,以药剂防治为应急手段的病虫害综合治理体系。其要点如下。

1. 严格检疫,选用抗病品种

栽植无病毒苗,其抗性远比匍匐茎苗好。母株的分株苗抗性差,不同品种的抗病性有差异。如抗灰霉病的品种,有明宝、斯派克和帝国,而早熟和多叶品种则易发病。因此,在草莓生产中,要严格检疫制度,把好各道关口,防止检疫对象范围扩大,还要选择抗病品种。

2. 做好土壤、种苗和基质消毒

栽植前,用 3～5 倍石灰水进行土壤消毒,在农家肥中拌入克百威和多菌灵,每 667 米^2 用 2～3 千克,撒施于栽植沟内,可防治地下病虫害。保护地栽培时,采收草莓果实后,对土壤可采用太阳热消毒。种苗分株前后,用 25％多菌灵可湿性粉剂 1 000～3 000 倍液与 2.5％溴氰菊酯乳油或 20％氰戊菊酯乳油 1 000～2 000 倍液,配合施用,可有效防治叶部及根茎病虫害。

基质也必须进行消毒。

3. 保护利用天敌

利用有益生物防治作物病虫害的方法称为生物防治法。其特点是不污染环境,对人、畜和作物安全,而且防治效果好。我国常见的昆虫天敌如瓢虫捕食蚜虫及介壳虫;草蛉捕食蚜虫、叶蝉、介壳虫、蓟马、螨类及叶甲类的卵、幼虫;蜘蛛是危害草莓的许多害虫如蚜虫、花弄蝶、毛虫类、蝽、大青叶蝉和斜纹夜蛾等的重要天敌;食蚜蝇捕食蚜虫、叶蝉、介壳虫及蛾蝶类害虫的卵和初龄幼虫;食蚜虫每头幼虫每天可捕食蚜虫 120 头,整个幼虫期可捕食 840~1 500 头蚜虫。其他还有世界广泛使用的赤眼蜂等。对于这些害虫的天敌,可根据当地实际情况,加以保护和利用,以控制草莓病虫害的发生。

4. 实施物理防治

根据害虫的习性,采用物理方法进行防治,是安全有效的好方法。如用黄板诱杀白粉虱和蚜虫。其方法是在 100 厘米×20 厘米的纸板上,涂抹黄漆,再涂一层机油,每 667 米^2 在行间挂 30~40 块。当板上黏满害虫时,再涂一层机油,继续黏杀害虫。还可在棚(室)的通风口处,挂银灰色地膜条驱避蚜虫,或设置防虫网以阻隔蚜虫。

5. 进行生态防治

在开花和果实生长期,加大通风量,将棚内空气湿度降至50%以下,再将棚温提升至 35℃,闷棚 2 小时,然后通风降温。连续闷棚 2~3 次,可防治灰霉病。

6. 加强田间管理

栽植不要过密,保持通风良好,科学控制氮肥用量,适量补充磷、钾肥,合理灌水,及时消灭杂草,进行地膜覆盖,拔除病株,冬春季清园,烧毁腐烂枝叶,并用 0.3 波美度石灰硫磺合剂消毒。开花前彻底进行一次防治,对害虫喷布 2.5% 联苯菊酯乳油 800～2 000 倍液,对病害采取相应药剂防治。科学、适时和精细的田间管理,能提高草莓的抗病虫能力,有效减少或防止病虫害的发生。

7. 使用药剂防治

草莓无公害栽培所使用的农药,农业部有严格的规定,有些严禁使用的农药(附录 2),要坚决执行。

药剂防治,应遵循以下几项原则:

第一,以防为主。要根据虫情测报掌握适期施药。

第二,适量用药和交替使用。在有效浓度范围内,尽量用低浓度防治。交替使用农药,可增强药效和延缓害虫产生抗性。

第三,掌握好安全间隔期。草莓在采收前 10 天左右不能施用农药,或用药后间隔 10 天左右才能采收。残效期长的农药,如吡虫啉等,施药后 15 天以上,才可采收果实。

第四,提高施药质量,使用高性能喷洒机械,使药液喷布均匀,提高药效,降低成本。进行药剂防治,应达到"治小、治早、治了"的要求。

第五,提倡生物源农药。可供草莓使用的生物源农药有:一是抗生素类农药如阿维菌素,为昆虫神经毒剂,可防治蚜虫、叶螨和潜叶蛾等多种害虫。蜡蚧轮枝菌是虫生真菌,可寄生于害虫的虫体上,产生毒素,使害虫死亡,用该菌防治温室蚜虫、白粉虱的效果达 85%。苏云金杆菌乳剂是细菌性杀虫剂,能防治刺蛾、天幕毛虫等鳞翅目害虫。多抗霉素为抗生素类杀菌剂,可防治草莓灰霉病。白僵菌是防效最好的虫生真菌,可防治桃蛀果蛾和叶甲等害虫。抗生素类杀菌剂还有井冈霉素、宁南霉素,嘧啶核苷类抗菌素。杀虫剂有日光霉素等。昆虫杆状病毒如中山大学研制的"虫瘟系列"病毒 D 型病毒,对防治野蛞蝓、蜗牛有特效。二是植物杀虫剂,如除虫菊素、鱼藤、藿香蓟、瑞香狼毒、苦楝和万寿菊等。三是动物杀虫剂。利用能使昆虫致死的病原线虫,如斯氏线虫,已被研制成 IJS 线虫剂,它能寄生于蝗虫、蛴螬、蚁、甲虫和鳞翅目昆虫体上,寄生率达 73%～92.6%。这类杀虫剂杀虫谱广,杀虫作用快,但对环境要求严格,有效期短。

（四）草莓草害及防治

草莓植株低矮,栽植密度大,除草困难。畦内除草有时只能用手锄或人工拔除。草莓园基肥施用量大,灌水频繁,杂草发生量大。草害可使草莓产量损失 15% 左右。北方地区草莓园全年除草用工,每 667 米^2 高达 30 个以上。南方地区草莓园的除草用工更多。目前,我国草莓园仍依赖人工除草,不仅工效低,而且劳动强度大。防治杂草危害,也是草莓生产上的重要问题,特别是连作草莓园,更是如此。

由于各地条件不同,除草方法不能只是采用一个模式,而要因地制宜,在以除草剂为主的基础上,采取综合防治措施。

1. 人工除草

在草莓年生长周期中,有 3 个时期应进行松土除草。一是栽植后至越冬前。二是翌年春季,以保墒和提高地温为目的,进行中耕松土,或施肥灌水后浅耕锄地。三是草莓采收后。这一时期气温已升高,草莓和杂草都进入了旺盛生长期,是防治杂草的关键时期。

2. 覆膜压草

栽植草莓时,用黑色地膜覆盖地面,可使地面无杂草。在高温多湿地区更适宜。也可使用除草地膜。覆膜后,膜内的除草剂会析出,并溶化于膜面的水滴中,水珠渗下后可杀死土壤中的杂草。但除草地膜品种不同,所含的药剂成分也不同,故应针对当地所需防治的主要杂草种群,选择适宜的除草膜。否则,如果地膜选择不当,则反而会受药害。灌水时,可掀起地膜的一面,或在垄沟内灌水,通过旁渗湿润土壤。应注意保护膜面干净,无破损。

3. 轮作换茬

轮作换茬是防治杂草的有效措施,可改变杂草群落,控制难以防治杂草的滋生。

4. 药剂除草

除草剂具有高效、迅速、成本低和省工等优点。国外在草莓园大量施用除草剂,如草乃敌、环草定、枯草隆和敌草索等。中国农业科学院果树研究所,对草莓园化学除草的试验获得了以下的结果。

(1) 除草剂的品种 根据防治杂草的对象,选择适宜的除草剂。考虑药源、价格、安全性以及对后茬作物和邻近作物的影响等因素,土壤处理的除草剂用 48% 氟乐灵乳油,以防治正萌发的许多 1 年生禾本科和阔叶草种子,如马齿苋、西风古、猪毛菜、蓼属、藜、地肤和繁缕等。还可用 50% 敌草胺(大惠利)可湿性粉剂,防除马唐、稗草、千金子、苣荬菜、宝盖草和三棱草等多种单、双子叶杂草。茎叶处理除草剂用 24% 三氟羧草醚,能杀死反枝苋、马齿苋、龙葵、黄花蒿、灰菜和苍耳等草莓园常见阔叶杂草。防除田旋花、铁苋菜、鸭跖草、苘麻和刺儿菜等阔叶杂草,可用 25% 氟磺胺草醚水剂。防治禾本科杂草用 12.5％氟吡甲禾灵乳油，或 35％吡氟禾草灵乳油。上述除草剂对草莓都安全。

(2) 施药技术及防治效果 在草莓栽植后，每 667 米² 喷施 48％氟乐灵乳油 150 毫升，对水 50 升(以下同)，施药后立即混土，以防光解。或喷施 125 毫升氟乐灵，施后于越冬防寒前，再覆盖透明地膜。翌年春季，把地膜撕一小孔，把草莓植株拉出膜外。这样可以保持到草莓采收期基本无杂草。移栽草莓还可在开花前每 667 米² 喷施 50％敌草胺可湿性粉剂 100～200 克。土壤黏重时，用量酌增，开花期以后不能施药。

在采果后的杂草大量发生期，如果禾本科草占优势，每 667 米² 可单独对水喷施 12.5％氟吡甲禾灵 130 克，或 35％吡氟禾草灵乳油 38 克，对禾本科草的防治效果可达 96％以上。如果是阔叶草占优势，则每 667 米² 施用 24％三氟羧草醚乳油 100～150 毫升，防治有很好的效果，对马唐也有一定的防治效果，但对稗草、狗尾草等禾本科草反应不敏感。在禾本科与阔叶草混生，且发生量大的草莓园，用三氟羧草醚并配合施用氟吡甲禾灵乳油、吡氟禾草灵乳油等除草剂，进行防治。防治时，最好错开时间单独喷施，不要混施。喷药次数，根据杂草发生量决定，一般喷 1～2 次。

(3) 防止除草剂的药害 除草剂品种选择不当，施用浓度过大，或重复喷药等原因，都会产生药害。例如，草莓园施用西马津、莠去津等均三氮苯类除草剂，就会引起药害。药害的表现是草莓叶片出现黄化，也有叶片向上卷，严重时全叶黄化，叶片呈灼烧状枯萎。草莓与其他作物间作、套种、轮作时，所施用的除草剂必须对间作物和后茬无害。敌草胺是草莓适宜的土壤处理剂，它对葫芦科、十字花科、茄科以及豆类、葱蒜等作物都很安全，但禾本科的水稻、小麦和玉米，以及菠菜、莴苣等，则对其敏感，故草莓与这些作物间作、套种、轮作时，不宜施用。为了保护栽培植物不受除草剂的伤害，通常采用吸附物质，如先在草莓根部裹一层活性炭，然后再栽种到已施过除草剂的土壤中,或者草莓栽植后不久,在出芽前,先在草莓行带上施活性炭,再施用土壤除草剂。施用充分腐熟的农家肥,也有类似效果。

(4)生物源除草剂的应用 防治杂草的生物源农药也有不少。如山东省农业科学院植保所开发的防治大豆菟丝子的除草剂鲁保一号、德国研制的在果园和菜园使用的除草剂丁草胺、荷兰研制的能控制木本杂草萌发与生长的微生物除草剂 Biochon 等。国外还有除草霉素和除草菌素也已在生产上应用。近年来,已发现具有除草活性的抗生素,有 20 余种可供开发与利用。利用生物源农药除草,前景十分广阔。

十二、草莓的采收、贮藏、速冻与加工

(一)草莓采收

1. 果实成熟的标志

草莓浆果成熟的最显著特征是果实着色。果面由最初的绿色逐渐变白,最后成为红色至浓红色,并具有光泽。开始是受光一面着色,随后侧面也着色。种子也由绿色逐渐成为黄色或红色。随着成熟度的提高,果实软化,散发出香味。成熟时果实的成分也发生变化,果实进入着色期,花青素含量急剧增加,含糖量也增加;随着果实的成熟,果实中的含酸量减少,维生素 C 的含量增加,到完全成熟时达到最高。以后,随着时间的延长而减少。

2. 果实采收

草莓开花后 30 天左右,浆果即成熟,一个品种的果实采收期持续 3 周左右。采收时期,因其用途而定。通常鲜食果以果面红色达 70％以上时即可采收,着色 85％左右时最适宜。供加工果酒、果汁饮料、果酱和果冻的要求果实充分成熟后采收。这样可提高果实的糖分和香味,果汁也多,加工容易。供制罐头用的草莓,要求果实大小一致,在八成熟时采收。远运或贮藏用的果实,应在果实充分成熟前 1～2 天采收。

草莓浆果的成熟期不一致,必须间隔 1～2 天采摘 1 次,盛果期应每天收获 1 次。每次采摘时,必须将适度成熟果全部采净,以免延至下次采收时由于过熟而造成腐烂。采摘草莓宜在清晨露水已干至午间高温来到之前,或傍晚天气转凉时进行。晒热的浆果,露水未干或下雨时采收的果实,都极易腐烂,不宜采收。草莓浆果的果皮细胞壁薄,果肉柔嫩,稍有不慎便易产生人为损伤。因此,采摘时须轻拿、轻摘和轻放。用大拇指指甲和食指指甲把果柄掐断,或用剪刀将果柄剪断。采下的浆果,应带有部分果柄,又不损伤花萼。否则,浆果易腐烂。摘果时,不要硬拉,以免拉下果序和碰伤果皮,影响草莓产量和果实质量。采收用的容器,深度一定要浅,底要平,内壁要光滑,如塑料盘、搪瓷盘、小木盒和纸箱等。对畸形果、腐烂果和虫害果等不合格果实,要另外单放。为了提高草莓的商品价值和保证果品质量,采下的浆果应分级。还可采取边采收、边分级的方法,对果实进行分级,这样采后就不必更换容器,也可减少浆果的破损机会。我国目前还没有统一的草莓分级标准,但草莓主产区都制定有当地的草莓分级的行业标准。

我国农业部市场与经济信息司在第一批农业行业标准中制定的草莓行业标准,按外观与品质情况,将草莓分为 3 级(表 6)。

表 6　草莓的外观品质指标

等级 项　目	一　级	二　级	三　级
外观基本要求	果实新鲜洁净,无异味,无不正常外来水分,具有适于市场或贮藏要求的成熟度、萼片新鲜和具有特定品种香味		
果形及色泽	果实应具有本品种特有的形态特征、颜色特征及光泽,且同一品种、同一等级不同果实之间形状、色泽均匀一致		

续表 6

项　　目	等　　级	一　级	二　级	三　级
单果重 （克）	小果型品种	≥15	≥10	≥5
	中果型品种	≥20	≥15	≥10
	大果型品种	≥25	≥20	≥15
碰压伤		无明显碰压伤,无汁液浸出		
畸形果率(%)		≤1	≤3	≤5

3. 果实包装和运输

　　草莓采收、包装和运输,是草莓生产中保证浆果质量的最后一个重要环节。所用的容器,各地可因地制宜地采用,如木箱、纸箱、筐篓和果盘等都可采用(图 13)。对于新鲜草莓果实,宜用小包装。可用透明塑料制成形似饭盒的有孔方盒,也可用薄木片制作成四面有孔,可装果 500 克的木盒。果盒内的果实不宜装得太满,顶部要留 1 厘米左右的空隙。装果后,要加盖。投放市场的新鲜浆果,其小包装盒装满后,再放到较大的塑料箱或纸箱内,每箱装果重量以 5 千克左右为宜。要分 4～5 层装果,层与层之间要留有 2～3 厘米的空间,以免各箱叠起来时压伤果实。

　　运输草莓浆果,必须用冷藏车,或有篷卡车。运输途中,要防止日晒,行驶速度要慢,以减少颠簸。有的加工厂规定,装有草莓的汽车在不同的路面上的时速为 5～20 千米。用带篷卡车运输,以清晨或晚间气温较低时运行为宜。运输距离较长时,应适当提早采收。总之,在草莓的采收运输过程中,应遵循小包装、少层次、多留空和少挤压的原则。

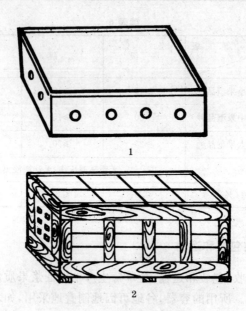

1

2

图 13　草莓采收容器
1. 采果木盒(四边有孔)　2. 盛果木箱(可装 12 盒)

(二)贮藏保鲜

草莓易熟化、腐烂而失去商品价值,是一种难以贮藏的水果。草莓采收后,在室温下一般只能存放 1~2 天。要进行更长时间的贮藏,可采用以下方法。

1. 低温法贮藏

采收未过熟的果实,不需清洗,即放入玻璃器皿或食品盒中,用薄膜盖好,置于 0℃~2℃ 的低温环境中(如冰箱),可以保存 2 周。

2. 气调法贮藏

大量草莓的短期贮藏多采用气调法贮藏。气调贮藏按照调节气体方法的不同,可分为自然降氧法、快速降氧法、半自然降氧法和硅窗自动调节法。目前,我国采用的是塑料薄膜帐贮藏,即利用厚 0.2 毫米的聚乙烯膜做帐,形成一个相对密闭的贮藏环境,加上硅窗控制。草莓浆果气调贮藏的适宜气体成分是二氧化碳 3%～6%、氧 3%、氮 91%～94%。当二氧化碳浓度提高到 10%时,果实软化,风味变差,并带有酒味。气调贮藏草莓的保存时间为10～15 天。

如果将气调贮藏与低温冷藏相结合,在库温 0℃～0.5℃、空气相对湿度 85%～95%条件下保存,贮藏时间可达 60 天左右。

3. 化学法贮藏

将草莓放入带盖的塑料盒中,再放入 1～2 袋二氧化硫慢性释放剂。放入时要注意药剂与草莓间应保持一定的距离,使二氧化硫在果实间能均匀扩散。要防止二氧化硫直接以高浓度接触草莓,使草莓变白、变软和失去食用价值。采用此法,草莓在常温下可保鲜 20 天。

4. 离子辐射法贮藏

应用离子辐射保藏食品技术,已受到国内外广泛重视。辐射贮藏法是利用同位素钴-60 放出的 γ 射线,辐照草莓浆果。用 15万～20 万拉德剂量的 γ 射线辐照的浆果,无论在室温或冷藏条件下,贮藏期都比未处理的延长 2～3 倍。国内有报道,用 20 万拉德剂量 γ 射线照射草莓,放在 0℃～1℃条件下冷藏,贮藏期可达 40天。引起草莓果实腐败的病原体,一般为灰霉、根霉、毛霉和疫霉。用 20 万拉德剂量 γ 射线辐照后,可显著降低草莓果实的霉菌数量,约减少90%,并消灭其他革兰氏阴性杆菌。试验表明,辐照对草莓营养成分无影响。不同草莓品种的辐照效果有差异。辐照前进行湿热加热处理(41℃~50℃,因品种而异),效果更好,辐照以15万拉德剂量较适宜。

5. 离子电渗法贮藏

将草莓放入电渗槽的电渗液(1%氯化钙+0.2%亚硫酸钠)中,用110伏电压、50毫安电流,进行电渗处理1.5小时,捞出后用水冲洗,沥干后装入聚乙烯薄膜袋中封口,放在4℃低温条件下贮藏,空气相对湿度为92%~95%。电渗后,果实中的钙浓度增加,可稳定生物膜的结构,降低通透性,防止组织崩解。亚硫酸钠分解产生二氧化硫,不仅有防腐作用,还可抑制果实中多酚氧化酶的活性,抑制果实褐变。经离子电渗法处理的草莓,贮藏30天的腐果率低于5%,浆果品质也保持较好。

据国内试验,将宝交早生草莓果实密闭在真空干燥器内,充入钢瓶装二氧化碳,浓度为10%,放在0℃条件下,贮藏20天的好果率和商品率均达到94%。这是草莓运输和短期贮藏的新途径。

(三)草莓速冻

草莓速冻后,可以保持原有风味品质,既能长期贮藏,又可远运外销。近年来,我国的速冻草莓,已出口到日本及东南亚一些国家。速冻草莓的效益,早已被世人所注目。

1. 速冻保鲜原理

速冻就是利用-25℃以下的低温,使草莓在极短的时间内迅速冻结,从而达到冻藏保鲜的目的。速冻工艺简单,是保存食品的一种科学方法。速冻保鲜的原理为:一是快速冻结,使浆果组织中形成的小冰晶,在细胞内和细胞间隙中均匀分布,细胞不受损伤或破坏,保持完整。二是草莓汁液形成冰晶后,抑制了沾污在浆果上的细菌、霉菌等微生物的生命活动。三是低温抑制了浆果内酶的活性。

2. 速冻原料的要求

(1)**品种选择** 草莓品种不同,对速冻的适应性有差异。只有果实肉质特别疏松、品质差的品种,如圆球、四季这一类品种,不宜速冻。宝交早生、春香、全明星、达娜、绿色种子和红衣等大多数品种,都宜速冻。对速冻草莓品种的要求是果实匀称整齐,果肉红色,硬度大,有香味和酸度,但果萼易脱落。

(2)**果实要求** 进行草莓速冻,要选用大小均匀,果形完整无损伤、无萼、洁净和无病虫的草莓正常果,单果重 7~12 克,果实横径不小于 2 厘米,过大或过小均不适宜,一般选用草莓二级花序果进行速冻。果实的成熟度,以果面着色占 80% 以上,其色、香、味以充分显示出品种特色为宜。未成熟果速冻后淡而无味;过熟果则在处理过程中损失大,冻后风味淡,果形不完整。速冻果实还必须保持新鲜度,采摘当天即应进行处理,以免影响质量。如果草莓当天处理不完,应将其放在 0℃~5℃ 的冷库内暂时保存。

3. 工艺流程

速冻草莓的生产工艺流程及其操作要点如下。

(1)**验收** 按照对速冻草莓果实的要求进行检验,重点是看品种是否纯正,浆果大小及成熟度是否符合要求。

(2)**洗果** 把浆果置于有出水口的水池中,用流动水洗果,并用圆木棒轻轻搅动。最好在槽底通入气管,用气泵往水里送气,将水翻动,除去杂质,将原料清洗洁净。

(3)**消毒** 用 0.05% 高锰酸钾水溶液浸洗草莓果实 4~5 分

钟,然后用水淋洗。

(4)除萼 用人工将草莓的萼柄、萼片摘除干净。对花萼易带果肉的品种,可用薄刀片切除花萼。

(5)选剔 将不合规格的果实进一步剔除,并除去残留的萼片和萼柄。

(6)沥水 最后一次清洗之后,将草莓沥水 10 分钟左右,沥去浆果外的水分,以免冻品表面带水或发生粘连。要求冻品呈粒状的,沥水时间要稍长一点;要求冻品呈块状的,沥水时间可稍短一点。

(7)称重 在 38 厘米×30 厘米×8 厘米的金属盘中,装入并称重 5 千克的草莓。为了防止解冻时出现短缺分量,可加入水量 2%～3%,即实际每盘草莓重 5.1～5.15 千克。

(8)加糖 按草莓重的 20%～25%加入白糖,酸味重的品种按 25%加糖。然后将果与糖搅拌均匀。作加工原料的冻品,可不加糖。

(9)摆盘 要求冻品成块状的,一定要将草莓放在盘内摆放平整和紧实;要求冻品成粒状的,草莓摆放不能太紧实,以防结成块状,不易分开。

(10)速冻 将摆好草莓的盘,立即送入速冻间,温度宜保持在—25℃ 以下,直到果心温度达—15℃即可。达到要求温度所需的时间,因盘的大小、厚薄、盘重叠与否而不同。盘不重叠,果心经 4～6 小时即可冻结,并达到要求的低温。若盘堆叠过厚,经 12 小时以上,果心也不易冻结和达到要求的低温。因此,为保证快速冻结,保证冻品质量,盘不宜重叠放置。

(11)包装,密封,装箱,冻藏 将速冻后的草莓连盘拿到冷却间(0℃～5℃)冻藏。要求呈块状的,将整块从盘中倒出,装入备好的塑料袋中。要求冻品呈散粒状的,要将个别冻结成小块的逐个分开。然后根据包装大小,再次称重装入塑料袋中。用封口机密封袋口,放入硬纸箱中。在冷却间操作时,必须做到每次少取盘,操作迅速,装箱后立即送入温度为 $-12℃\sim-18℃$、湿度为 100% 的冷藏室中冻藏。这样,可贮藏 18 个月,随时鲜销。

4. 冻品的运输及解冻

速冻草莓的运输,必须用冷藏车或冷藏船,不能让冻品在出售前融化。速冻草莓在食用前要进行解冻。其方法是,将冻品放入容器内,将容器坐入温水中,解冻后立即食用。不可解冻后又重新冷冻,或解冻后长久放置。

北京市林业果树研究所把装入聚乙烯袋中轻扎口的冰冻草莓,与装入聚丙烯尼龙袋中用真空包装机封口的冰冻草莓的融化方法做比较,结果证明,真空包装可显著提高可滴定酸和有机酸含量,保存较多的维生素 C;在室温和 $5℃$ 下融化期间,可能会发生多糖降解和蔗糖水解。因为采用真空包装法,能缩短冷冻草莓果实的融化时间(如微波瞬时融化),或者缩短由融化到食用的时间。所以,真空包装有助于保持速冻草莓的原有品质和风味。

(四)草莓加工

1. 草莓原汁的加工

草莓原汁是多种饮料和食品的原料。用它来配制成草莓果汁、草莓小香槟、草莓汽水、草莓果酒和草莓雪糕等,使饮料增加营养,并具有草莓的特殊香味。供加工果汁、果酒用的浆果,要选用含酸量高,色泽深红,耐贮运,可溶性固形物含量高的品种,如因都卡、宝交早生、戈雷拉和全明星等品种的果实。所用的浆果,要求是充分成熟,没有病虫污染、干疤、腐烂和萎缩的优质草莓果。

水质的优劣直接影响草莓果汁的外观和风味。加工果汁要求水的硬度小于 142.8 毫克/升(以碳酸钙含量计)。

采用色素含量较高、颜色比较稳定、酸度较高的品种(如索非亚、丰惠、斯柯脱等)与香味浓郁、维生素 C 含量较高、酸度较低和色泽较浅的品种(如宝交早生、春香等)混合制汁,可提高草莓汁的品质。

草莓果汁的生产工艺流程为:

原料选择→浸洗→摘果柄、再清洗→烫果→取汁→滤汁→调整成分→杀菌→成品装罐

其操作要领如下。

(1)洗涤和摘果柄　榨汁前,把选好的草莓放在洗涤槽浸洗 1～2 分钟,除去泥沙和果面上的漂浮物。再放入 0.03％高锰酸钾溶液中消毒 1 分钟。然后用流水冲洗,或换水洗 2～3 次。摘除果柄和萼片后,再淋洗或浸洗 1 次,沥去水后待用。

(2)烫果　烫果不能用铁锅,可用不锈钢锅或搪瓷盆,采取蒸汽加热或明火加热。把沥去水的草莓,倒入沸水锅里烫 30 秒至 1 分钟,使草莓中心的温度为 60℃～80℃即可。然后,捞出草莓放在盆中。果实受热后,既可以减少胶质的黏性,破坏酶的活性,阻止维生素 C 被氧化的损失,还有利于色素的抽出,提高出汁率。锅内的烫果水,可加到榨汁工序中去。

(3)榨果汁　压榨取汁,采用各种压榨机,也可用离心甩干机或不锈钢搅肉机,来破碎草莓,然后放到滤布袋内,在离心甩干机内离心,由出水口收集果汁。将三次压榨出的果汁混合在一起,出汁率可达到 75％。

(4)果汁澄清及过滤　榨取草莓汁时,为防止升温变质,常添加 0.05％苯甲酸钠作防腐剂。榨出的草莓汁在密闭的容器中,放置 3～4 天即可澄清,低温澄清速度更快。可以用孔径为 0.3～1 毫米的刮板过滤机,或内衬 80 目绢布的离心机,细滤澄清。过滤的速度,随着滤面上沉积层的加厚而减慢。可对果汁过滤桶加压

或减压,使滤面上下产生压力差,以加速过滤。

(5)调整成分 调整成分的目的是使产品标准化,增进风味,控制糖度和酸度。草莓汁的糖度一般在 7%～13%,酸度不低于 0.7%～1.3%,使可溶性固形物糖酸比为 20～25：1。

(6)杀菌 主要是杀死果汁中的酵母菌和霉菌。将果汁加热至 80℃～85℃,保持 20 分钟,即可达到目的。但对混浊果汁加热时间过长,会影响风味。所以,最好采取超高温杀菌法(升温至 135℃维持数秒钟)或瞬时灭菌法杀菌。

(7)成品保存 果汁灭菌后,趁热将其装入洗净消毒的瓶中,立即封口。再在 80℃左右的热水中灭菌 20 分钟。取出后自然冷却,在低温下存放,一般应放在 5℃左右的冷库中贮存。

2. 草莓果酒的酿造

可用草莓酿果酒,也可用草莓汁调配成果露酒。其酿造工艺,从选料到榨取果汁,与草莓原汁加工的步骤和操作基本相同。其后的工艺流程依次为:

发酵→陈酿→成品调配→包装保存→检验→出厂

取汁后,立即加入二氧化硫,每升果汁的加入量为 150～300 毫克。也可把草莓破碎后不取汁,而直接发酵。发酵前,草莓汁的糖酸需要调整。成品果酒的酒精度要求为 12°～13°。提高酒精度有 2 种方法,即补加糖使之生成酒精,或发酵后补加高浓度蒸馏酒和经过处理的酒精。补加量不能超过原汁发酵酒精量的 10%。一般 1.7 克糖可生成 1°酒。含糖量为 7%的草莓,每升果汁要加入 151 克砂糖,方能生成 13°的酒。草莓果汁的酸度为 0.7%～1.3%,不需调整。

(1)发酵 可采用密闭式发酵桶(或罐),桶盖上安放发酵栓,产生的二氧化碳可从发酵栓逸出,发酵桶装八成满。视需要还可加酵母促进发酵。一般在 25℃时发酵 5～7 天;20℃时发酵 2 周左右。发酵初期为酵母繁殖阶段,温度应控制在 25℃～30℃,不要低于 15℃,一般需 1～2 天。以后温度升高,放出大量二氧化碳,发酵逐渐减弱而趋平衡。糖分减少到 1% 以下时,酒精积累最高,汁液开始清晰,皮渣酵母部分开始下沉,主发酵即告结束。发酵结束后,酒汁要及时出桶,用虹吸法分离,并除去果渣。

(2)陈酿 在地下室或地窖内存放至少 3 个月。在陈酿过程中,发生酯化作用和缩合作用,使果酒透明、芳香、醇厚和稳定,而且营养物质转化得更彻底。陈酿结束后,要更换容器,以除去悬浮在酒汁中的杂质和容器底部的沉淀物。

(3)成品调配 按规定标准,调整酒汁的糖酸比。

(4)装瓶保存 果酒在 80 个以上保藏单位时,可直接装瓶密封,不经杀菌便能保存不变质。酒精 1% 为 6 个保藏单位,糖分 1% 为 1 个保藏单位。如不足 80 个保藏单位,需经 90℃ 温度瞬时灭菌 1 分钟,或在 60℃～70℃ 条件下灭菌 10～15 分钟。

(5)质量检验 草莓酒应呈檀香色或宝石红色,澄清透明,无悬浮物,具有浓郁酒香和果香,甜酸适度,醇厚平和。草莓果酒的酒度按酒精度计不高于 16°,糖度为 14%～15%,酸度一般为 0.3%。产品应符合省级标准。自封装日起,一年内不浑浊,无沉淀。

3. 草莓果酱的制作

草莓酱的制作工艺流程为:

原料选择→浸泡清洗→去除果柄、蒂、叶和杂质→配料和溶化果胶→软化及浓缩→装罐→封口→杀菌→冷却→成品

具体操作要领如下。

(1)原料选择 选择充分成熟,品质优良,带果柄、叶的草莓果实作原料。原料验收后,要剔出不合格果实。

(2)浸泡、清洗及去蒂 将选好的果实倒入水槽内,浸洗 3～5

分钟。然后把果捞到小塑料筐内,装八成满,放在流水槽中洗干净,漂去草、叶及杂质。摘果柄时,要转动果柄,迅速拔起,然后将已去果柄、萼叶的果倒在平板上,捡出小叶及杂物。

把草莓过秤装入盆或桶内,每个容器内装果 20~30 千克。为防果实氧化变色,需在果面上加果重 10% 的白砂糖。容器内果实在常温下放置不超过 24 小时。在 0℃冷库暂存,最多放 3 天。

(3)配料 草莓和砂糖比例为 1∶1.4,加入柠檬酸量为成品的 0.25%~0.4%,果胶为成品的 0.25%。

(4)溶化果胶 按果胶∶糖∶水=1∶5∶25 的比例,在锅内搅拌加热,直至果胶全部溶化为止。近年来,也有用褐藻酸钠代替果胶,充当酱体的增稠剂。褐藻酸钠是一种可溶性纤维,具有良好的亲水性和稳定的防腐性,不仅成本低,还能提高产品的质量和风味。

(5)软化及浓缩 浓缩前加热软化。软化的目的是破坏酶的活性,防止变色;软化果肉组织,便于浓缩时糖液渗透;促使果肉组织中的果胶溶出一部分,有利于凝胶的形成;蒸发一部分水分,缩短浓缩时间;除去原料组织中的气体,使酱体无气泡。

软化时先将锅洗净,放入总量 1/3 的糖水,糖水浓度为 75%,同时倒入草莓,快速升温,软化约 10 分钟。再分 2 次加入余下的糖水。沸腾后,可控制压力在 98.07~196.13 千帕,同时不断搅拌,使上下层软化均匀。待固形物占 60% 以上时,加入溶化的果胶溶液和用水化开的柠檬酸。如用褐藻酸钠胶液,应预先用 50℃、氢离子浓度为 1 纳摩/升(pH 值为 9)的温水,将褐藻酸钠粉末调成胶状,加入后充分搅拌,浓缩 10~15 分钟。然后加入苯甲酸钠液,再熬煮 10 分钟即可。出锅温度要求为 90℃~92℃,固形物含量为 66%~67%。

(6)装瓶(罐)及杀菌 空瓶消毒后,及时装入 85℃以上的果酱至瓶口适当位置。装酱后,盖上用酒精消过毒的瓶盖,拧紧(或用封罐机封罐）。检查后杀菌。放在 95℃ 的水内 5～10 分钟。然后用喷淋水冷却至瓶中心温度至 50℃ 以下。经检验合格后，即为成品。

（7）产品质量 草莓酱产品的质量应符合部颁标准（QB 292—64）。具体指标如下。

①感官指标 色泽为红褐色，均匀一致。具有良好的草莓风味。无焦煳味及其他异味。果实去净果柄及萼叶，煮制良好，保持部分果块，呈胶黏状。置于水面上允许徐徐流散，但不得分泌液汁，并且无糖的结晶。不允许存在杂质。

②理化指标 总糖含量以转化糖计，不低于 60%。可溶性固形物按折光计，不低于 68%。重金属含量，锡小于或等于 200 毫克/千克、铜小于或等于 10 毫克/千克、铅小于或等于 3 毫克/千克。产品净重有 312 克、600 克和 700 克 3 种，允许公差±3%，但每批平均不低于净重。

③微生物指标 无致病菌及因微生物作用所引起的腐败现象。

④罐型 采用 QB 221—64 规定的罐型。

4. 糖水草莓罐头的制作

糖水草莓罐头，维生素 C 含量为 27.6～49.1 毫克/100 克，比雪花梨、桃罐头高 10～30 倍。其制作工艺流程为：

原料选择→去除果柄和萼片→清洗→烫漂→装罐→排气及密封→杀菌及冷却→成品检验

（1）原料选择 河北农业大学通过比较，认为因都卡、早红光、莱斯特和梯旦等是较好的制罐品种；全明星其次；宝交早生和阿特拉斯制罐后果色浅，感观欠佳。一般应选择果实颜色深红，硬度较大，种子少而小，果个大小均匀，香味浓郁的品种，还要剔除未熟、过熟、有病虫和腐烂的果实。这样制成的罐头，果实红色，果形完整,具韧性,汁液透明鲜红,原果风味浓,甜酸适度。

(2)清洗及烫漂 将选好的果实用流动清水冲洗,沥干后立即放入沸水中烫漂 1～2 分钟,以果实稍软而不烂为度。烫漂液要连续使用,以减少果实可溶性固形物的损失。

(3)装罐 烫漂后,将果实捞出沥干,装罐,随即注入 28%～30% 的热糖液。

(4)排气及密封 装罐后加热排气,至罐中心温度为 70℃～80℃,保持 5～10 分钟后立即密封。

(5)杀菌及冷却 在沸水浴中杀菌 10～20 分钟,分段冷却至 38℃～40℃,经过保温处理,检验合格即为成品。

(6)成品检验 产品的糖水浓度达到 12%～16%,固形物含量为净重的 55%～60%,感官、理化和卫生等各项指标,都应达到省级规定的质量标准。

为了解决草莓制罐后果实退色、瘫软的问题,吉林农业大学采用把抽空的草莓果实 300 克,注入含糖 30% 沸腾的黑穗醋栗天然果汁作填充液和抽空液。这样制出的草莓罐头,经贮存后,色泽艳丽,果实饱满,不碎,不瘫软,外观良好,具有独特芳香味,甜酸适口,口感极佳。

5. 草莓蜜饯的制作

适宜制作草莓蜜饯的品种,应具有色泽深红、果实质地致密、硬度大、果形完整、具韧性、耐煮制和汁液较少的特点。制作糖水罐头的品种,也适于制作蜜饯。

制作草莓蜜饯的工艺流程为:

原料选择→去除果柄和萼片→清洗→护色及硬化处理→漂洗→糖渍→糖液煮制→糖渍→装罐→排气及密封→杀菌及冷却→成品

(1)护色及硬化处理 为增强草莓果实的耐煮性,减少色素的损失,提高维生素 C 的保存率,加快渗糖速度,在果实糖煮前,可采用 2 种方法进行护色及硬化处理:一是将清洗的果实,放在 0.1%～0.7%浓度的钙盐和亚硫酸盐溶液中浸泡。浸泡时间的长短,依品种和成熟度而有差别。浸泡时间过长,果肉粗糙,口感差。浸泡时间短,起不到硬化和护色作用。一般可浸泡 5～8 小时。二是进行抽空处理。将清洗的果实放在一定浓度的稀糖液中,在抽气真空度 86 659～90 659 帕(650～680 毫米汞柱)条件下,抽空 20～30 分钟,温度保持 40℃～50℃,使果实中空气排出,加速渗糖,使果肉饱满、透明。

经抽空处理后,维生素 C 保存率可提高 4.8%,且能缩短糖制时间,但需要抽空设备。采用何种方法,可根据具体情况决定。

(2)漂洗 采用第一种方法进行护色硬化处理后,需要用清水漂洗,去除过多的药液。

(3)糖渍及糖煮 将上述处理后的果实,放在一定浓度稀糖液中浸渍 10～12 小时,将果实捞出,加热提高糖液浓度,加入适量柠檬酸调整氢离子浓度。然后,将果实再倒入其中,浸渍 18～24 小时。如此反复 2 次,最后连同果实和糖液再加糖煮制。待汁液可溶性固形物含量达 65%时,将果实捞出,将糖液过滤备用。

(4)装罐 将果实装入罐内,注入过滤后的热糖液。

其余步骤与罐头制作相同。产品总糖含量应在 45%以上,固形物含量不低于净重的 55%～66%,二氧化硫残留量在 0.006 克/千克以下,检验不出铜、铅、砷物质,感官指标和卫生指标,应达到省级规定的质量标准。

6. 草莓脯的制作

草莓脯维生素 C 含量为 11.83～14.94 毫克/100 克,比苹果脯、梨脯和桃脯高 2.5～3.3 倍。

草莓脯的制作工艺流程如下:

原料选择→去除果柄和萼片→清洗→护色及硬化处理→漂洗→糖渍→糖煮→烘烤→整形→成品

具体操作要领如下。

(1)原料选择 原料选择与草莓蜜饯相同。

(2)护色、硬化处理及漂洗 此流程的操作方法同蜜饯制作。

(3)糖渍及糖煮 将护色硬化处理过的果实漂洗后,放入稀糖液中浸渍10～12小时后捞出,加热提高糖液浓度,并加入适量柠檬酸调整氢离子浓度,将果实再倒入其中,浸渍18～24小时。然后加糖煮制到含可溶性固形物达65%以上,再浸泡18～24小时,将果捞出,沥干。

(4)烘烤 将果实放在55℃～60℃条件下,烘烤至不黏手为度。如烘烤温度过高,果脯质地会变硬;烘烤温度过低,烘烤时间会延长,影响制品色泽。

(5)整形 将烘烤好的果脯,整理成扁圆锥形,按大小色泽分级包装。成品质量要符合部颁的以下指标:

①感官指标 果为紫红、暗红色,具光泽;果实呈扁圆形,大小均匀;不黏手,不返沙;质地饱满有韧性;具有草莓风味,甜酸适度。

②理化指标 总糖含量为60%～70%;水分含量为18%～20%;二氧化硫残留量小于或等于0.004克/千克。

③卫生指标 菌落总数小于或等于100个/克;大肠杆菌数小于或等于30个/100克;无致病菌。

附　　录

附录1　草莓田间调查记载方法

草莓植株观察和调查记载,是科研部门的一项重要工作。草莓种植户通过调查观察,加深对品种特性的了解,有助于提高管理和技术水平,更新品种,进一步提高经营收入。

1. 植株调查

(1)根　调查栽植匍匐茎苗时,把苗株挖出,去掉根部土壤,测量根的长度(最长、多数)、新根数,分别称量地上部植株和根系的重量,求出单株重量(克)。

(2)茎

①匍匐茎　调查单株抽生匍匐茎的数量,有无抽生二次、三次匍匐茎的能力,记载匍匐茎开始发生的日期、发生盛期和末期。

②分生新茎数　2年生株丛以有15个以上新茎为强,5～15个为中等,5个以下为弱。

(3)叶

①叶片大小　纵径9.5厘米×横径6.5厘米以上为大叶;7厘米×5厘米以下为小叶;两者之间为中等大小。

②叶形　分为圆形;椭圆形——长略大于宽;长椭圆形——长显著大于宽;菱形——叶片边缘中部有明显的角,尖部叶缘直。

③叶色　深绿、绿色、淡绿。

④锯齿　多,每厘米长度内有2个锯齿;少,每厘米长度内有1个锯齿。

⑤叶面状态　分平展或尖部弯曲、边缘上卷呈匙形;质地分光洁、粗糙、柔软,以及茸毛多少。

⑥叶柄长　20 厘米以上为长;15～19 厘米为中;15 厘米以下为小。还需观察茸毛多少和托叶大小。

(4)花

①花型　完全花、雌能花(雄蕊发育不全)、雌性花(无雄蕊)。

②花序高低　高于叶面、等于叶面、低于叶面。

③单株平均花序数

④花萼大小　大,萼片过果肩;中,萼片等于果肩;小,萼片短于果肩。萼片平贴,翻卷。

(5)果

①果形　分为圆球形、圆锥形、锥形、长锥形、颈锥形、扁圆形、扁形、长楔形与短楔形。

②果基　有颈,无颈。

③果色　橙黄、橙红、红色、深红、紫红。

④果面状态　平整、有棱、光泽有无。

⑤果肉颜色　白、橙黄、橙红、红色。

⑥种子(瘦果)　凹入果面、平于果面、凸出果面。

⑦髓心大小与空实　大,髓心大于果横径的 1/2;小,髓心小于果横径的 1/2。髓心空、稍空或充实。

(6)株高和株径

①株高　从地表测量到大多数叶片的自然高度(厘米)。

②株展　分别测量植株东西、南北的直径,取其平均数(厘米)。

2. 物候期观察

定点观察记载,植株数不少于 20 株。

(1)萌 芽 期　25%植株生长点显绿。

(2)花序显露期 25%植株花序显露。

(3)始 花 期 25%的植株开出第一级花序。

(4)终 花 期 75%以上植株开过第三级花序。

(5)浆果变色期 25%的花序第一级花序果从绿色转变成乳白色。

(6)成熟初期 25%的花序第一级花序果着色成熟。

(7)采收盛期 从每天采收的第一级花序果与其他花序果分别称重,即可确定采果盛期。

(8)采收结束期 指有效果采收结束日期。

3. 产量调查

(1)产量测量 单花序产量(克);单株丛产量(克);单位面积产量(折算成千克/667 米^2)。

(2)有效果(%) 指采收的果数占全部着生果数的百分数。

(3)单果重(克) 由总果数与总产量得出。

4. 抗逆性调查

选有代表性植株,调查株数不少于 30 株。

(1)对主要病害的感染程度 如病毒病、灰霉病、白粉病与叶斑病等,可分为抗性强、感染轻、中、重 4 级。计算感病率的公式为:

$$感病率 = \frac{发病株数}{总株数} \times 100\%$$

为了比较危害程度,可进一步计算病情指数,公式为:

$$病情指数 = \frac{\Sigma(各级株数 \times 该级的级数)}{调查总株数 \times 最高一级的级数} \times 100\%$$

(2)抗寒力,抗旱力,抗涝性,抗高温性 植株生长发育过程中的抗性强弱。

(3)耐贮力,耐运输力,速冻性能　果实采收后的耐贮运性能。

5. 果实品质和养分测定

(1)硬度,风味,香气,甜酸,口感　组织多人感官评定。

(2)可溶性固形物含量　用折光仪测定。

(3)总糖量(%)　用费林氏溶液法测定。

(4)酸度　用氢氧化钠溶液滴定法测定。

(5)维生素C含量(毫克/100克)　用4-二硝基苯肼比色法或二氯苯酚吲哚酚滴定法测定。

附录2　无公害草莓生产禁止使用的农药

　　进行草莓引种栽培,应该进行无公害生产,尤其在农药使用方面,要禁止使用下述农药:

　　六六六,滴滴涕,毒杀芬,二溴氯丙烷,杀虫脒,二溴乙烷,除草醚,艾氏剂,狄氏剂,汞制剂,砷铅类无机制剂,敌枯双,氟乙酰胺,甘氟,毒鼠强,氟乙酸钠,毒鼠硅,甲胺磷,甲基对硫磷,对硫磷,久效磷,磷胺,甲拌磷,甲基异柳磷,特丁硫磷,甲基硫环磷,治螟磷,内吸磷,克百威,涕灭威,灭线磷,硫环磷,蝇毒磷,地虫硫磷,氯唑磷,苯线磷,氧化乐果,水胺硫磷和灭多威等高毒、高残留农药。

附　录

附录3　草莓种苗部分供应单位

单 位 名 称	地　　　址	邮政编码
沈阳农大实验场种子公司	沈阳市东陵路 139 号	110161
辽宁省东港市草莓研究所	东港市环城大街 38 号	118300
中国农业科学院果树研究所组培室	辽宁省兴城市中国农业科学院果树研究所	125100
北京市农林科学院林业果树研究所	北京市海淀区香山瑞王坟甲 12 号	100093
北京郁金香生物技术有限公司	北京海淀区中国农业科学院 85 信箱	100081
保定市绿龙园林有限公司	河北省满城县南韩村镇段旺村	072150
卢龙县北方种苗繁育场	河北省卢龙县石门镇西安村	066402
河北省满城县草莓品种无病毒苗繁育中心	河北省满城县南韩村镇段旺村	072150
山东省果树研究所苗木微繁中心	山东省泰安市龙潭路 64 号	271000
青岛市农业科学院果茶研究所	山东省青岛市李沧区浮山路 168 号	266100
河南省农业科学院园艺研究所	河南省郑州市农业路 1 号	450002
河南省罗山豫南草莓总场	河南省罗山田堰	464200
中国农业科学院郑州果树研究所脱毒种苗研究中心	河南省郑州市航海东路中国农业科学院郑州果树所	450009

续附录 3

单 位 名 称	地　　　　址	邮政编码
西北农林科技大学园艺学院草莓课题组	陕西省杨凌西北农林科技大学园艺学院	712100
山西省农业科学院经济作物研究所果树中心	山西省汾阳市省农业科学院经济作物研究所	032200
中国药科大学	南京市中央门外中国药科大学遗传育种教研室	210009
江苏省农业科学院园艺研究所	南京市孝陵卫钟灵街 50 号	210014
江苏省丘陵地区镇江农科所	江苏省镇江市句容市	212400
安徽省六安绿宇果树花卉研究中心	安徽省六安市经济技术开发区皖西大道	237000
安徽省寿州林果研究所	安徽省寿县安丰邮政局 102 信箱	232251
浙江省农业科学院园艺研究所	浙江省杭州市石桥路 198 号	310021
甘肃省天水市果树研究所种苗繁育中心	同左	741000
湖北省农业科学院经济作物研究所组培研究室	武汉市武昌南湖瑶苑	430064
四川三龙绿色产业发展有限公司	四川省成都市高新区倍特公寓 A 座 8 楼	610004
新疆园艺所	新疆乌鲁木齐市南昌路 38 号	830000

附录4　施用无公害农药

无公害农药指对人、畜及各种有益生物毒性小或无毒、易分解、不造成对环境及农产品污染的高效、低残留、安全的农药。无公害农药包括：

第一,生物源农药。直接利用生物活体或生物代谢过程中产生的具有生物活性的物质,或从生物体提取的物质作为防治病、虫、草害和其他有害生物的农药。可分为植物源农药、动物源农药和微生物源农药,如苏云金杆菌、除虫菊素、株素、性信息素、井冈霉素、嘧啶核苷类抗菌素、浏阳霉素、硫酸链霉素、阿维菌素、赤霉素、芸薹素内酯、黎芦碱、苦参碱、烟碱等。

第二,矿物源农药。有效成分起源于矿物的无机化合物的总称,主要有硫制剂、铜制剂、磷化物,如硫酸铜、波尔多液、石硫合剂、磷化锌等。而毒性较大、残留较高的砷制剂及氟化物等不在其内。

第三,有机合成农药。限于毒性较低、残留低及使用安全的有机合成农药。推荐经过多年使用安全的菊酯类、中低毒性的有机磷类、有机硫等杀虫剂、杀菌剂及部分除草剂等。如氯氰菊酯、溴氰菊酯、氟氯氰菊酯、甲氰菊酯、甲基毒死蜱、辛硫磷、乙酰甲胺磷、多菌灵、甲霜灵、甲基硫菌灵、禾草灵、乐果、敌敌畏、百菌清、代森锰锌、三唑酮、异菌脲、抗蚜威、喹禾灵、乙氧氟草醚、吡虫啉、异丙甲草胺、烟嘧磺隆、苯磺隆、乙草胺等。

在草莓整个生产过程中,严格禁止使用甲胺磷、克百威、杀虫脒、氧化乐果、三氯杀螨醇、甲基对硫磷、五氯酚钠、克线丹、氯化苦、除草醚等高毒高残留农药。

草莓鲜果农药残留量与最后1次施药距采收时间的长短关系密切。间隔期短,则农药残量多;反之,则少。因此,生产者一定要严格掌握各种农药的安全间隔期。一般在草莓采收前或用药后间隔 10 天左右才能采收上市，对残效期长的农药，如吡虫啉等应在用药后 15 天以上方能采收上市。

任何病虫害在田间发生、发展都有一定的规律性，根据病虫的消长规律，讲究防治策略。准确把握防治适期，准确选用适宜的农药，有事半功倍的效果。斜纹夜蛾等夜蛾类害虫防治应掌握"治一压二"的原则，即防治一代、压低二代的害虫基数，同时应在傍晚期间防治，因为白天其都躲在地下，施药几乎没有效果。防治红蜘蛛，应掌握在点、片发生阶段。草莓病毒病与蚜虫关系密切，只要防治好蚜虫，病毒病的发生率就能明显降低。同时，根据病虫在田间的发生情况，准确选择施药的方式十分重要，如能挑治的绝不普治，能局部处理的绝不要普遍用药。无公害草莓生产要尽量减少用药，施最少的药，达到最理想的防效。

要适量、交替和科学用药。适量用药是科学用药的重要手段。在一些生产中存在着某些用药误区，认为用药量越多，杀虫或治病效果越好。一些农户用药量达到规定要求的 1～2 倍，不但增加了成本、造成药害，而且防效并未提高，还会产生很大的副作用。因此，什么样的病虫害，用什么药，用多少剂量，都应该严格掌握。

农药一定要交替使用，以增强药效，延缓害虫抗药性的产生。有些农户在用药时喜欢一种农药反复使用，会使该病虫害逐步形成抗药性，使药剂防治效果日渐下降。克服和延缓抗药性的有效方法之一是交替使用不同作用机制的两种以上的农药，而且要注意选择没有交互抗性的药剂交替使用。如某种杀虫剂已产生抗药性，可以停止使用若干年，然后再启用。如需要用混配农药的，应现配现用。在混用前需查"混用适否查对表"，如代森锰锌可与敌百虫、敌敌畏混用，但不可与波尔多液、石硫合剂等混用。

附录5　常用农药不同名称对照

通用名	别　名
马拉硫磷	马拉松、4049、防虫磷
杀螟硫磷	杀螟松、速灭松
灭多威	万灵、灭多虫、乙肟威
抗蚜威	辟蚜雾
敌蚜螨	增效机油乳剂
喹硫磷	爱卡士、哇嗯硫磷
伏杀硫磷	佐罗纳
苯丁锡	托尔克
毒死蜱	乐斯本
噻嗪酮	扑虱灵、优乐得、稻虱净
氟啶脲	抑太保、IKI、7899、定虫隆
氯氰菊酯	安绿宝、灭百可、兴棉宝
顺式氯氰菊酯	奋斗呐、高效灭百可
高效氯氟氰菊酯	PP321、功夫
氰戊菊酯	速灭杀丁、速灭菊酯
联苯菊酯	天王星、虫螨灵
多虫畏	中西除虫菊酯、戊菊酯

续附录 5

通用名	别　名
氟氰菊酯	保好鸿、甲氟菊酯
顺式氰戊菊酯	来福灵
甲氰菊酯	灭扫利
氰氯合剂	丰收菊酯
增效氰·马	灭杀毙
菊·氧	氧乐菊酯、增效速灭杀丁
硫磺·多菌灵悬浮剂	灭病威
甲基硫菌灵	甲基托布津
甲霜灵	甲霜安、瑞毒霉
琥胶肥酸铜	DT
三乙膦酸铝	灭疫净
三环唑	三赛唑、克瘟灵
稻瘟灵	富士一号、异丙硫环
三唑酮	粉锈宁
叶枯宁	川化 018
丁草胺	灭草特、去草胺
甲草胺	拉索、草不绿
异丙甲草胺	杜尔、都尔

续附录 5

通用名	别　名
杀草丹	稻草完、除田莠
灭草松	苯达松、排草丹
禾草敌	禾大壮、草达灭、环草丹
噁草酮	农思它、恶草散
麦草畏	百草敌
莠去津	阿特拉津
仲丁灵	双丁乐灵
防落素	PCPA、番茄灵、坐果灵
矮壮素	CCC(三西)、稻麦立
甲哌鎓	缩节胺、助壮素
多效唑	MFT、PP_{333}
乙烯利	一试灵、ETH
赤霉素	九二〇、920、GA
青鲜素	抑芽素、抑芽丹、马来酰肼
百草枯	对草快、克芜踪

参考文献

[1] 邓明琴．草莓科研文选[M]．沈阳:辽宁科学技术出版社,1990.

[2] 郝保春．草莓生产技术大全[M]．北京:中国农业出版社,2000.

[3] 张运涛,雷家军．草莓研究进展(一)[M]．北京:中国农业出版社,2002.

[4] 段研．草莓栽培新技术[M]．北京:台海出版社,2001.

[5] 万树青．生物农药及使用技术[M]．北京:金盾出版社,2003.

[6] 何水涛．优质高档草莓生产技术[M]．郑州:中原农民出版社,2003.

[7] 张跃建,朱振林．大棚草莓配套栽培技术[M]．上海:上海科学普及出版社,2000.

[8] 冯建国．无公害果品生产技术[M]．北京:金盾出版社,2001.

[9] 王耀林．设施园艺工程技术[M]．郑州:河南科学技术出版社,2000.

[10] 吴禄平．草莓无公害生产技术[M]．北京:中国农业出版社,2003.

[11] 唐梁楠,杨秀瑗．草莓无公害高效栽培[M]．北京:金盾出版社,2004.